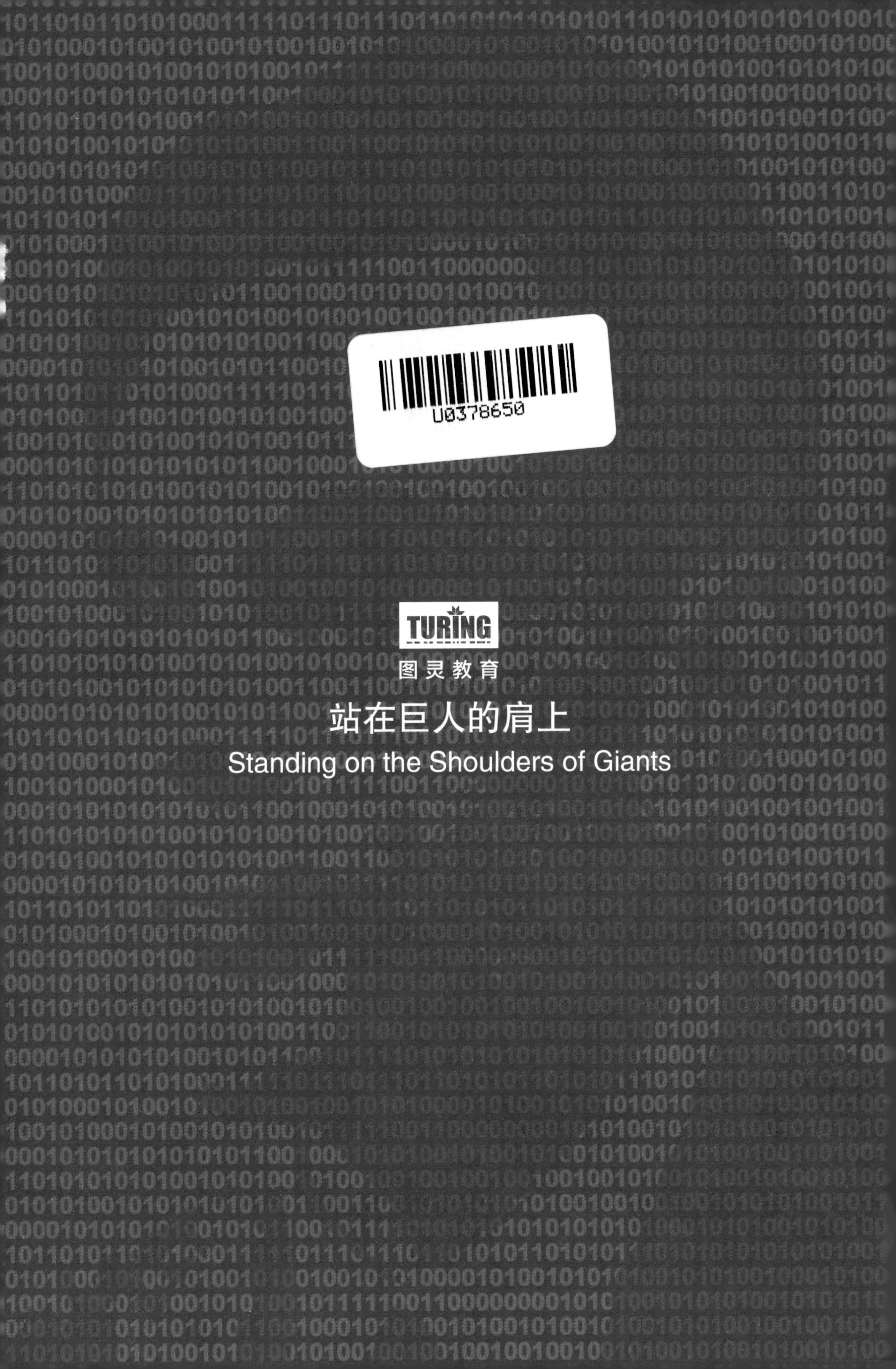
U0378650
TURING
图灵教育
站在巨人的肩上
Standing on the Shoulders of Giants

TURING
图灵教育
站在巨人的肩上
Standing on the Shoulders of Giants

日本版式设计入门：基础思维与方法

增補改訂版
レイアウト
基本の「き」

（Asyl）
NAOKI SATO
［日］佐藤直树——著
逸宁——译

人 民 邮 电 出 版 社
北 京

图书在版编目（CIP）数据

日本版式设计入门：基础思维与方法 / (日) 佐藤直树著；逸宁译. -- 北京：人民邮电出版社，2022.3

ISBN 978-7-115-56542-6

Ⅰ. ①日… Ⅱ. ①佐… ②逸… Ⅲ. ①版式－设计－日本 Ⅳ. ①TS881

中国版本图书馆CIP数据核字(2021)第087576号

内 容 提 要

本书为日本多摩美术大学教授佐藤直树创作的经典版式设计入门书。不同于市面上注重“案例”与“软件使用方法”的教程，本书回归设计的基础概念，从“为人而设计”的理念出发，重新考察了视觉走向、版面结构、字体、色彩等基础元素在视觉传达过程中的作用，讲解了版式设计的基础思维与方法，引导读者从本质上理解版式设计的基础概念与美感法则，帮助读者找到适合自己、具有发展性的设计方法，从而创作出清晰易读、具有美感的版面。

本书可作为平面设计的入门读物，也适合从事版式设计相关工作的设计师、编辑阅读参考。

◆ 著　[日] 佐藤直树（Asyl）
　译　逸　宁
　责任编辑　武晓宇
　责任印制　周昇亮

◆ 人民邮电出版社出版发行　北京市丰台区成寿寺路11号
　邮编　100164　电子邮件　315@ptpress.com.cn
　网址　https://www.ptpress.com.cn
　雅迪云印（天津）科技有限公司印刷

◆ 开本：787×1092　1/16
　印张：10.25　2022年3月第1版
　字数：164千字　2022年3月天津第1次印刷

著作权合同登记号　图字：01-2019-6611号

定价：79.80元

读者服务热线：(010)84084456-6009　印装质量热线：(010)81055316

反盗版热线：(010)81055315

广告经营许可证：京东市监广登字20170147号

版权声明

增補改訂版 レイアウト、基本の「き」
ZOHO KAITEIBAN LAYOUT, KIHON NO KI
by Naoki Sato

The original Japanese edition was first designed and published in 2017 by
Graphic-sha Publishing Co., Ltd.
1-14-17 Kudankita, Chiyoda-ku, Tokyo, 102-0073 Japan

This Simplified Chinese edition was published in China in 2022 by Posts and Telecom Press Co., Ltd.
No.11 Chengshousi Road, Fengtai District, Beijing, China

Chinese translation rights arranged with Graphic-sha Publishing Co., Ltd. through Japan UNI Agency, Inc., Tokyo

ISBN 978-7-115-56542-6

前言

正如本书的书名所述，这是一本关于版式设计的入门书。迄今为止，桌面出版（Desktop Publishing，DTP）的普及已有二十余载，版式设计曾是专业人士的独门绝技，如今已经成为许多人工作中的家常便饭。这种潮流势不可挡，也一定会有越来越多没有经过专业训练的人在不知不觉间接触到版式设计。如此一来，想必他们会在实践过程中遇到各种各样的困惑。届时，我希望本书能为其指点迷津。

归根结底，版式设计就是布局。那么，布局的基础是什么呢？（布局也包括诸如“房间布局”等空间上的布局，不过这里仅指对纸张或屏幕上的平面信息的布局。）

举例来说，眼前的这页纸有没有给你带来舒适的阅读体验呢？如果有（抑或没有），那么是什么让我们产生如此的感觉呢？

一言以蔽之，“好的版式设计”“美观的版式设计”中不仅有长期以来约定俗成的部分，也有与时代风格相契合的部分，二者经常混杂在一起。我们只有培养出可以辨别它们的观察力，才能随心所欲地设计出想要的版式。

虽然市面上关于版式设计的书籍琳琅满目，但令人意外的是其中罕有论及这些“基本概念”的类型，几乎都是直接讲解方法技巧的。总之，那些书的内容主要是教我们如何熟练地使用设计软件。当然，这方面的知识也是需要掌握的，然而本书的宗旨并不在此。本书的着眼点在于，让读者不受设计软件版本的束缚，能够用一种发展性的方式来做版式设计。

本次的增补修订版增加了关于颜色选择诀窍的相关内容。虽然其中很多颜色是经验丰富的设计师在无意间做出的选择，但鉴于它们是左右作品形象的关键元素，所以我认为我们需要有意识地重新审视这些颜色。其余的修订内容也凸显了“有意识地观察”这一版式设计的基础思维。

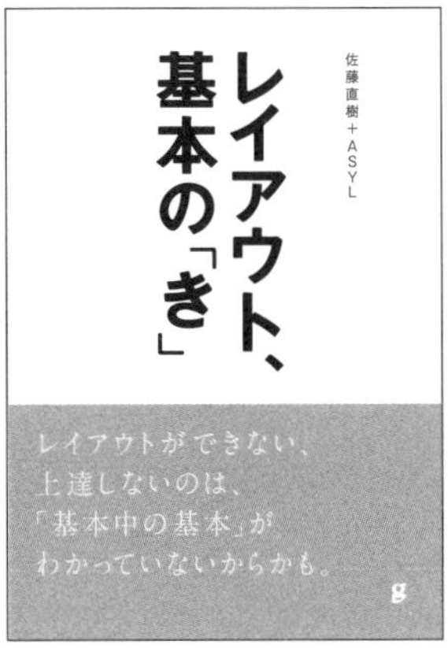

本书是 2012 年 6 月[1]出版的《平面排版基本的基本》(レイアウト、基本の「き」)的增补修订版，它在上一个版本的基础上增加了新的内容，并重新编辑整理。其中，关于版式设计的基本思维，以及对其进行说明的范例等内容与《平面排版基本的基本》保持一致。

① 中文版于 2014 年 1 月出版。——译者注

目录

序章　“观察”版面

第 1 章　思考整体布局

1　视觉走向……………020

2　元素的优先顺序……………023

3　分割版面……………026

4　绘制草图……………030

5　从草图到实际创作……………032

6　使用参考线……………034

7　分页的思考方法……………036

8　来自印刷的限制……………040

第 2 章　对字体的考量

1　重视文字……………044

2　正文字体的选择……………046

3　各种各样的字体（宋体篇）……………048

4　各种各样的字体（黑体篇）……………050

5　西文字体的选择……………052

6　各种各样的西文字体……………054

7　正文文字的大小……………057

8　行距与行长……………062

9　分栏的技巧……………064

10　字间距与字距调整……………066

11　和西混排……………070

12　标点符号的处理……………074

13　标题的字体与大小……………078

14 文字的加工……………082
15 简介与小标题的设计原则……………084
16 多栏的排版顺序……………086
17 页码与页眉、页脚……………088

第3章 照片与插图

1 照片与插图的处理……………092
2 多张照片的意义……………094
3 多张照片的处理方法……………098
4 照片的裁剪与去背景……………100
5 照片与文字……………102
6 照片的修正与加工……………106
7 分辨率……………108

第4章 图示、地图、表格、图表

1 易于理解的图示……………112
2 绘制地图……………114
3 制作表格……………118
4 制作图表……………120

第5章 颜色的选择与搭配

1 颜色的种类……………126
2 印刷用色……………130
3 颜色的印象……………132
4 单色的选用……………134
5 拓展单色的印象——红色……………136
6 拓展单色的印象——蓝色……………137

7　拓展单色的印象——黄色……………138

8　拓展单色的印象——绿色……………139

9　拓展单色的印象——紫色……………140

10　拓展单色的印象——黑色……………141

11　颜色的搭配……………142

12　底色与文字颜色……………146

13　照片、插图与文字颜色的关系……………148

14　灵活运用多种颜色……………152

后记……………155

CHAPTER 0

序章

“观察”版面

让我们开门见山，
请看一下右页这个●。

乍一看，它似乎位于方框的正中央。

但是，果真如此吗？

请仔细地观察一下。

其实，它并非位于方框的正中央。
那么，它位于何处呢？

请再仔细地观察一下，
发现什么了吗？

其实，真正位于方框正中央的●，是第 5 页的●。

通过比较二者，
就能知道右页的●为什么不在正中央了。

下面就请翻到第 5 页看看吧。

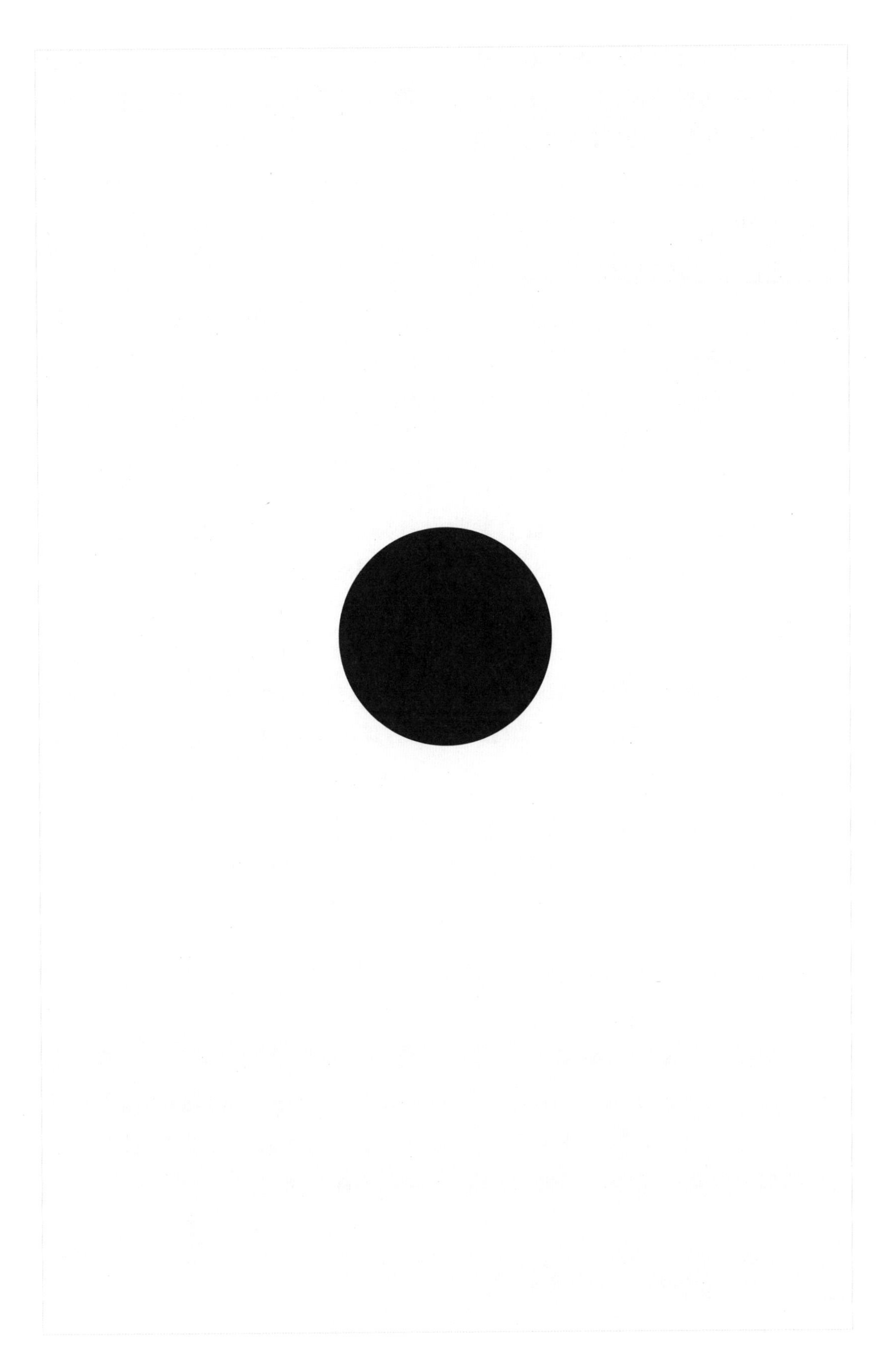

怎么样？比较出结果了吗？右页的●看起来要偏下一点吧？可见，理论上位于正中央的图案不知为何看起来会显得偏下。因此，为了使图案“看起来位于正中央”，训练有素的设计师会把它的位置略微上调。

首先，可以这么说：所谓“好的版式设计”，就是指能够驾轻就熟地处理这些细节的版式设计。

本书面向的读者群体是出于各种原因从事版式设计的所有人。所以，这里并不要求读者有任何设计方面的经验。读完本书后，相信大家会切实感觉到自己能够做出“好的版式设计”。

另外，即使你是一位经验丰富的专业设计师，想必你在读完本书后也会有所收获。因为我已经意识到自己在撰写本书前后所发生的变化。

我认为版式设计不再是什么特殊的工作，而是语言和文字的延伸。这种变化让人满怀期待，我相信，随着人们设计视野的不断开阔，一定会涌现出为我们呈现前所未有的版式设计的人，如同日常生活中丰富的语言和文字促使语言艺术和文学蓬勃发展一般。

版式设计是与时俱进的，所以仅停留在参考经典的“优秀范本”的层面上，是无法融会贯通的。无论如何，我们都必须做到“有意识地观察”，这是一切版式设计的第一步。**如果做不到“有意识地观察”，就绝对不可能瞬间发现“●看起来不在正中央”。**

相反，只要能“有意识地观察”，任何人都能注意到这细微之处。一旦发现问题，就能及时做出相应的调整。当我们发现想放在正中央的图案看起来有些偏下的时候，就可以将其向上移动一点。如果看起来依然不在正中央，就继续向上移动。若是移动得过多了就反过来向下调整。

版式设计始于“有意识地观察”。

什么是易于阅读的版式设计

下面，请看一下右页的文章。怎么样？读起来毫不费力吧？我们平时看书的时候或许不会特别在意版式，但是这并不是因为“没有做任何处理”，而是有人特意**设计得让读者不去留意**版式，以便集中精力阅读内容。

版式设计中包含很多设计元素，举例来说，大致如下。

文字（字体、字号、粗细、颜色）
文字方向（横排 / 竖排）
字距与行距
每行的长度（每行的字数）
每页的行数
背景颜色
页边距（四周的留白）

这些设计元素都是设计师需要斟酌的地方。虽然他们常说“这是我设计的”，但是关于其中的设计元素本身的选用，却多基于过去继承的习惯和规范。我们可以认为，版式设计的规范就存在于设计师之间传递这些接力棒的过程之中。

那么，右侧这一页中关于文字的版式设计中包括哪些想法呢？

仅仅盯着右侧这一页看是很难弄明白的。

下面请继续翻页。

『各位同学，你们知道这既像河川又像奶渍、模糊不清的白色物体究竟是什么吗？』老师指着挂在黑板上那幅巨大的黑色星座图中贯穿上下、白蒙蒙的银河状图案，向学生们提出了这个问题。

康佩内拉举起了手，接着又有四五个学生也举起了手。乔万尼也想举手，可突然又把手缩了回去。乔万尼曾经在杂志里读到过，那些的确都是恒星。但是，这段时间他每天在教室里都处于昏昏沉沉的状态，既没闲工夫读书也无书可读，因此他似乎对任何事情都不知所以。

不过，老师早就注意到了他的举动。

『乔万尼，你知道吧？』

尽管乔万尼立马站了起来，但是他发现自己并不能给出明确的答案。坐在乔万尼前面的加内丽回过头，望着他不禁噗嗤一笑。乔万尼紧张得涨红了脸。老师接着说道：

『我们用高倍望远镜仔细观察银河会觉得它大致像什么呢？』

与不易阅读的版式设计做比较

感觉如何？或许也有人会喜欢右页这种粗放的设计风格。不过，如果这样的页面多达几十页、甚至几百页，我们就不得不说设计师的选择是有问题的。最近，**“有个性”**（Heta–Uma）的设计越来越多。在到处都充斥着传统设计的大环境下，必然会涌现出这种设计，然而这种设计一旦泛滥，我们就可能遗忘**“设计原本的规范”**。

那么，让我们来回顾一下版式设计必须恪守的“规范”有哪些基本元素。

文字（字体、字号、粗细、颜色）

请大家比较一下上一页与右边的这一页。首先，二者的字体完全不同。其次，它们的字号及粗细也大不相同。可见，文字并非鲜明、均匀、又粗又大就易于阅读，这个道理想必大家都有目共睹。此外，虽然它们的颜色相同，但是给人的印象却相去甚远。

文字方向（横排 / 竖排）

二者均为竖排，但是右边的这一页乍一看难以分清是竖排还是横排。

字距与行距

之所以难以分辨文字方向，是因为字距与行距出了问题。特别是“行距过小”，对版式设计而言是致命的硬伤。

每行的长度（每行的字数）

虽说过长的行不易于阅读，但只要留有足够的行距，确保眼睛能轻松地进行换行，那么即使每行的字数稍微多一些，读者也不会感到很大的压力。

页边距（四周的留白）

如果文字密密麻麻地挤满整个版面，读者阅读起来就很吃力。虽然出于节约用纸的经济层面的考虑，“有效地利用空间”无可非议，但对于版式设计而言这么做是否正确就另当别论了。切记，留白也是版式设计中需要考虑的元素。

『各位同学，你们知道这既像河川又像奶渍、模糊不清的白色物体究竟是什么吗？』老师指着挂在黑板上那幅巨大的黑色星座图中贯穿上下、白蒙蒙的银河状图案，向学生们提出了这个问题。

康佩内拉举起了手，接着又有四五个学生也举起了手。乔万尼也想举手，可突然又把手缩了回去。乔万尼曾经在杂志里读到过，那些的确都是恒星。但是，这段时间他每天在教室里都处于昏昏沉沉的状态，既没闲工夫读书也无书可读，因此他似乎对任何事情都不知所以。

不过，老师早就注意到了他的举动。

『乔万尼，你知道吧？』

尽管乔万尼立马站了起来，但是他发现自己并不能给出明确的答案。坐在乔万尼前面的加内丽回过头，望着他不禁噗嗤一笑。乔万尼紧张得涨红了脸。老师接着说道：

『我们用高倍望远镜仔细观察银河会觉得它大致像什么呢？』

常见的标点符号的使用方法

诸如报纸、杂志和图书等在市场中发售的出版物，其中的文字及文章必然会经过专业的**校对**。

然而，随着互联网、智能手机、海报制作的普及，**越来越多的普通人开始创作文字及文章**。其实，大众处理如此大量的文字及文章的现象是**史无前例**的。请大家谨记这一点。

本书中涉及的文字及文章始终是指面向市场发售的印刷品。
对于在社交软件上聊天时使用的词句，请大家随意发挥。然而，对于印刷品而言，我们**最好遵循一定的规则**。下面就让我们来看看标点符号使用欠妥的例子。

最近常见的标点符号示例

我们创造句号（。)、逗号（，）和间隔号（·）等标点符号时是以单独使用为前提的，并没有想过要连续使用这些字符。当我们要表达沉默的时候会用到省略号（……），然而若用“，，，”或“。。。”抑或“···”来代替省略号，那么**文字的意思就变了**。

由于都是 3 个点类符号，它们看起来非常相似，但毕竟表示不同的意思，所以一旦理解出现偏差，就很可能会传达错误的信息。如果使用多个句号、逗号、间隔号来代替省略号，显然会使字符间距过大，进而导致不易阅读、**难以准确传达作者的意图**。

在句中或句尾使用“◎”或“☆”等符号也是如此。在社交软件上聊天时，达成共识的朋友之间如此交流是没有问题的，但是，**当我们面向非特定的多数对象传达信息时，务必要充分理解标点符号的特性**。

虽然我明知那样写不对,,,但是无论如何都不能更正···因为大家都那么写！如果我开口指出这个错误，可能会遭受“同伴的排挤”···那可就太恐怖了，因此我怎么也说不出口。。。换个话题吧，你的新西装真好看啊◎

虽然我明知那样写不对……但是无论如何都不能更正……因为大家都那么写！如果我开口指出这个错误，可能会遭受“同伴的排挤”……那可就太恐怖了，因此我怎么也说不出口……换个话题吧，你的新西装真好看啊。

什么是清晰易读的布局

接下来，让我们来挑战稍微复杂一点的版式设计。我曾试着为本书设计了一张宣传单。怎么样？看起来还算“清晰易读”吧？

在评价一个设计好不好时，人们的意见往往会出现分歧，不过我们**在此仅关注“版式设计是否清晰易读”的问题**。

虽然上一页举出的例子中的设计元素非常简单，但是其中依然包含很多值得研究的地方。那么，面对右页这个看似复杂的例子，我们是不是就得思考更多的问题了？

然而，其实并非如此。

这个例子只不过是对前面所讲内容的基本应用而已。不同之处在于，这个例子中加入了颜色和插图。虽说是插图，只是将其放置在页面上罢了，并不需要自己动笔去画。我们只需思考如何摆放插图来清晰地传达信息。

我在前面讲到，版式设计中包含的设计元素有**文字（字体、字号、粗细、颜色）、文字方向（横排/竖排）、字距与行距、每行的长度（每行的字数）、每页的行数、背景颜色、页边距（四周的留白）**。这里只不过是**将这些孤立的设计元素综合起来思考而已**。

这种综合性的思考，始于本书一开始就提出的**“有意识地观察”**。仅靠凭空想象和看书是无济于事的。

请再仔细地观察一下右页的版面，这次最好能记在脑子里。

文字是什么字体？**字号是多大**？**粗细如何**？**字距是多少**？**行距是多少**？**页边距（四周的留白）如何设置的**？**颜色有哪些**？

想成为设计师的人必读！

新书发售

日本版式设计入门

レイアウト、基本の「き」
増補改訂版
佐藤直樹＋アジール 著
レイアウトが
うまくできないのは、
「基本中の基本」が
わかってないからかも。
g

遇到版式设计就束手无策、止步不前，那是因为你不了解其中的基本原理。

此前从未接触过版式设计，却因突然的岗位调动，自己不得不推开这扇门。虽然就读于美术大学，但实际设计宣传单时，却怎么也拿不定主意。虽然在设计事务所上班，但总是得不到前辈的认同，自己的作品根本拿不出手。如果你也有类似的烦恼，请务必阅读这本《日本版式设计入门》①，它与你以往接触过的版式设计入门书完全不同。

POINT 1 学会“有意识地观察”

不擅长版式设计，其中一个重要原因是没有做到“有意识地观察”。本书将教你如何有意识地观察事物，以及怎样从版式设计的视角看待问题。

POINT 2 知其所以然

标题为什么要用这种字体和字号？为什么要把这张图片放在这个位置？好的版式设计都是有规律可循的。本书将通过实例讲解其中的奥秘。

本书星级 | 难度：★（超初级）| 亲和度：★★★★★ | 推荐指数：★★★★★

《日本版式设计入门》作者：佐藤直树（Asyl）

开本：16开　页数：164　印刷：全彩印刷　定价：79.80元　出版发行：人民邮电出版社

① 指本书《日本版式设计入门：基础思维与方法》，后文中简称《日本版式设计入门》。

什么是不清晰的布局？

体验过“有意识地观察”之后，当你看到右页的版式会作何感想？

是不是觉得很多地方都需要修改？

我在前面提到的“有个性”的设计师或许会说，这个版式设计更好。不过，这肯定不能称为“无与伦比的版式设计”。

最重要的是，我们要试着思考**“在哪里做一些什么样的调整，能让读者读起来一目了然，并感受到美”**。

版式设计要从全局着眼，不能仅仅突出某个部分。设计的时候需要考虑各个设计元素。

字号最大确实夺人眼球，但总让人觉得索然无味。
（没有考虑字距与行距，文字仿佛是设计者漫不经心地敲出来，然后就放在那里了。）

完全没有传递出想让读者阅读此书的意愿。
（换行过于随便，与上面的两行一样存在字距与行距不合理的问题。字体也比较随意。）

整段文字中字距与行距没有层次，不便阅读，也看不出重点。
（读完一行后，难以迅速锁定下一行。完全没有张弛变化的节奏。）

难得附加了星级，却完全不醒目。
（应该突出“本书星级”这条信息。）

字号可以缩小的部分，却做得一样大。
（毫无调整的意图。）

总之，**让人没有兴趣看的宣传单**，肯定是有问题的。

想成为设计师的人必读！
日本版式设计入门　新书发售

遇到版式设计就束手无策、止步不前，那是因为你不了解其中的基本原理。

此前从未接触过版式设计，却因突然的岗位调动，自己不得不推开这扇门。虽然就读于美术大学，但实际设计宣传单时，却怎么也拿不定主意。虽然在设计事务所上班，但总是得不到前辈的认同，自己的作品根本拿不出手。
如果你也有类似的烦恼，请务必阅读这本《日本版式设计入门》，它与你以往接触过的版式设计入门书完全不同。

POINT1　学会“有意识地观察”
不擅长版式设计，其中一个重要原因是没有做到“有意识地观察”。本书将教你如何有意识地观察事物，以及怎样从版式设计的视角看待问题。

POINT2　知其所以然
标题为什么要用这种字体和字号？为什么要把这张图片放在这个位置？好的版式设计都是有规律可循的。本书将通过实例讲解其中的奥秘。

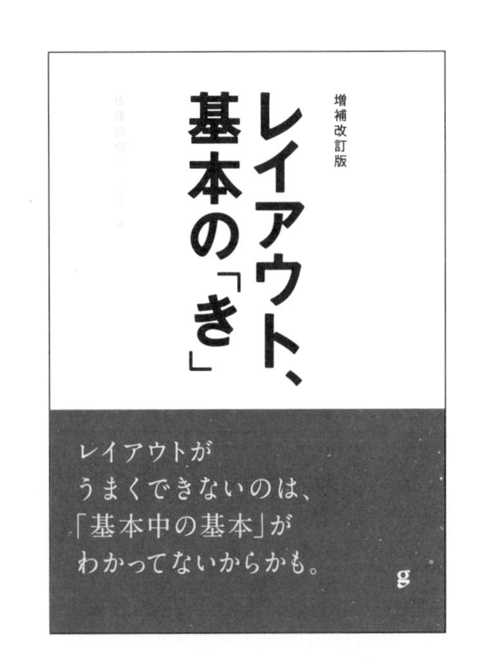

増補改訂版
レイアウト、基本の「き」
レイアウトが
うまくできないのは、
「基本中の基本」が
わかってないからかも。
g

本书星级
难度：★（超初级）
亲和度：★★★★★
推荐指数：★★★★★

其他的设计方案

那么，除此之外，我们还能想出什么类型的版式设计方案呢？

总之，我们最好不要过早地认为某个版式设计是独一无二的。我们只要稍微变换一下视角，就可以发现很多“其他的设计方案”。请看右页的版式设计。虽然内容和上一个宣传单是一样的，但是这个版本的风格却截然不同。

至于孰好孰坏，我们不能一概而论。

分发宣传单的场所以及目标群体的差异，也会对版式设计的评判产生很大的影响。

让我们对比一下右页与第 15 页的版式设计，它们有什么不同呢？

右页的版面中关键信息占据了很大空间。

这就意味着整体的文字要变小，但是设计师经过考量，认为这样设计更好。

另一个较大的差异是字体。

不同的字体风格带给人的感觉也不一样。

用色也大不相同。

右页版式选用的颜色与图书封面本身的颜色相协调。

那么，各种判断标准的区分点在哪里？我们应该如何选择？

下面我们就要具体学习一下这些内容。

你既可以从头开始通读本书，也可以从中挑选自己感兴趣的地方阅读。这些都是我从设计实践中总结的技巧。

想成为设计师的人必读！

日本版式设计入门

新书发售

遇到版式设计就束手无策、止步不前，那是因为你不了解其中的基本原理。

此前从未接触过版式设计，却因突然的岗位调动，自己不得不推开这扇门。虽然就读于美术大学，但实际设计宣传单时，却怎么也拿不定主意。虽然在设计事务所上班，但总是得不到前辈的认同，自己的作品根本拿不出手。

如果你也有类似的烦恼，请务必阅读这本《日本版式设计入门》，它与你以往接触过的版式设计入门书完全不同。

POINT 1

学会「有意识地观察」

不擅长版式设计，其中一个重要原因是没有做到「有意识地观察」。本书将教你如何有意识地观察事物，以及怎样从版式设计的视角看待问题。

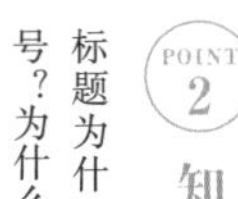

知其所以然

标题为什么要用这种字体和字号？为什么要把这张图片放在这个位置？好的版式设计都是有规律可循的。本书将通过实例讲解其中的奥秘。

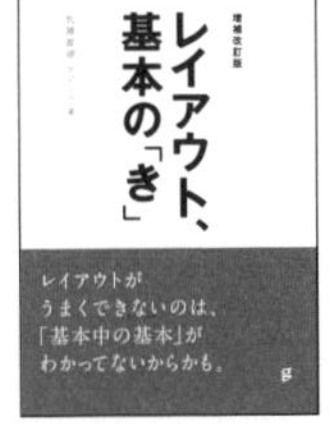

本书星级	
难　　度	★（超初级）
亲 和 度	★★★★★
推荐指数	★★★★★

《日本版式设计入门》

作者：佐藤直树（Asyl）

开本：16 开　页码：164　印刷：全彩印刷

定价：79.80 元

出版发行：人民邮电出版社

CHAPTER 1

第1章

思考整体布局

1 视觉走向

“视觉走向”是版式设计中最重要的部分。人们平常在观看事物时会采取怎样的视觉线路走向呢？又该如何将其应用到版式设计中呢？

看一看

■首先，请看右侧的宣传单。设计者想传达什么信息呢？位于整个版面中心的“絵と美と画と術”（绘与美、画与术）最为引人注目；其次比较醒目的地方是右上角的“美学校”；随后进入我们视线的是左侧的红字“問い合わせ随時受付中”（欢迎随时咨询）。你觉得这样的宣传单易于阅读吗？恐怕这称不上“清晰易读”。

佐藤直樹　都築潤
池田晶紀　マジック・コバヤシ
小田島等
http://www.△△△.jp/
美学校
デザイン、イラストレーション、写真、映像、漫画等に関わる仕事を生業としてきた講師陣による、超領域的実践講座。豪華ゲストも加わり、時に厳しく、時にゆるゆる、創作中枢を刺激し合います。これで駄目なら諦めましょう。
美学校講座
問い合わせ随時受付中
■住所：〒101-0051 東京都千代田区神田神保町 2-20 第2富士ビル3F
■TEL：03-3262-2529（受付時間：13:00～18:00）
■FAX：03-3262-6708
■メール：bigakko@tokyo.email.ne.jp
絵と美と画と術
参加は、デザインやらイラストレーションやら写真やら映像やらを将来の仕事として考えている人でもそうでない人でもかまいません。が、それぞれの業界への近道を探している方には向きません。わたしたちは「絵」のことや「美」のことや「画」のことや「術」のことを徹底して考え、論じ、実践しようとしていますが、最終的にどこへ向かうかはわからないからです。
この、どこへ流れ着くかわからない船に同乗し、ともに舵を取ろうという勇気ある学徒を歓迎します。「絵」「美」「画」「術」のいずれかまたはすべてに強い感心を持ち、自らそれに関わりたいと考えている人であれば、どなたでも参加できます。ただし、あなたの中にワープ航法的な飛躍を起こせるかどうかは、あなた自身の自主性が鍵となるでしょう。
バンド活動がそうであるように、メンバー全員の積極性を前提としつつ、個々の表現枠を超えたアウトプットを目指したいと思います。
2011年度参加ゲスト：タナカカツキ、スージー甘金、川島小鳥、長尾謙一郎

■阅读者总是先对“这张宣传单究竟说的是什么”做一个大致了解，之后才会被引导着去关注时间和地点等详细信息。然而，右侧的这个版面令人眼花缭乱，难以理解其中的内容。问题出在哪里呢？那就是“视觉走向”。在这张宣传单中，设计者完全没有考虑“视觉走向”。

人的视觉是有走向的

■在介绍编辑、设计方面的书中，常见的文字排列方式是横排的文本勾勒成“Z”字形。所谓“Z”字形，是指读者阅读时视线逐字移动（视觉走向）形成的曲线。

■无论纸张还是屏幕，版式设计在媒介上通常都是以“面”来呈现的。但是，读者读取信息的时候是沿着每个字的“点”排列而成的“线”逐字浏览的。我们的眼睛无法像拍照那样一下子获取所有信息。

■也就是说，版式设计是一项“以线绘面”的工作。视线捕捉“点”的流动轨迹形成“线”，而这些线则聚集成“面”。

■上面这个版式设计之所以不易阅读，是因为阅读者不知道应该把视线聚焦在何处。也就是说，设计者并没有考虑版面的“视觉走向”。

■因此，我们在设计版式时，要意识到“视觉走向”的问题，这是不可忽视的。

■那么，在版式设计中，设计视觉走向时要注意什么呢？

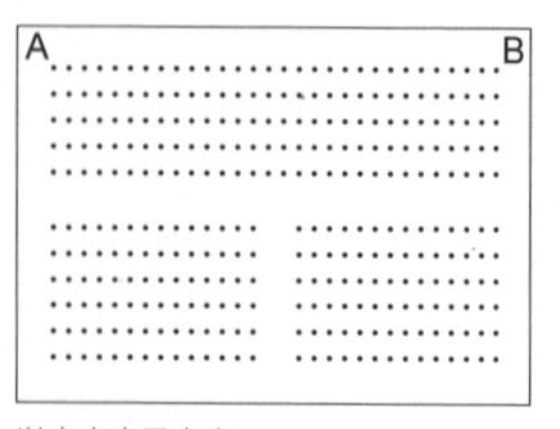

以点来表示文字

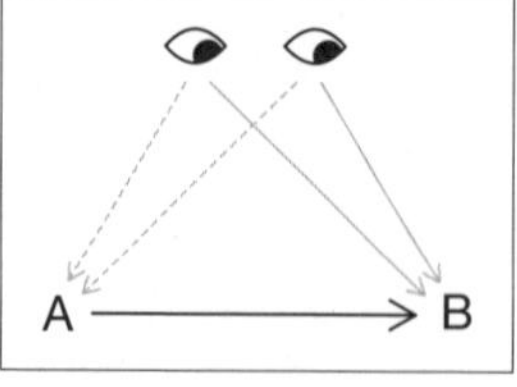

视线从 A 流动到 B

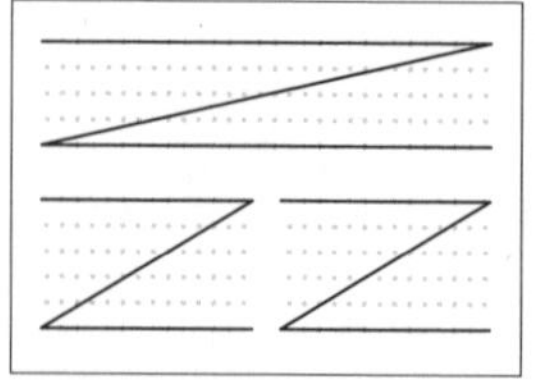
以线来表示视线的流动轨迹

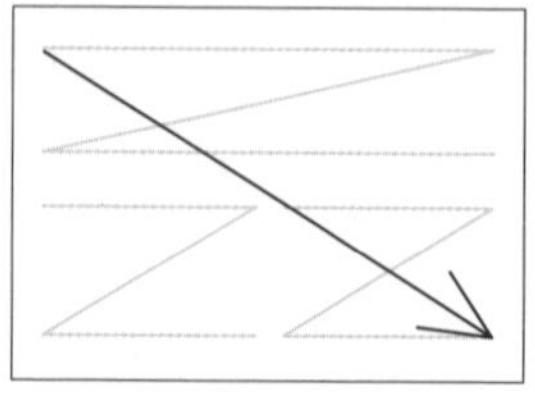
视线的整体走向是从左上到右下

设计视觉走向的原则

■首先，我来介绍一下设计视觉走向要遵循的几大原则。

■文字方向为横排时，走向为从左上到右下。文字方向为竖排时，走向为从右上到左下。文字方向为横竖混排时，则以其中的一种为基准。这就是设计视觉走向的三大原则。

■文字方向为横排时，书是向左侧翻开的。读者翻页后会先看左上角，然后再从左上到右下依次浏览。

■文字方向为竖排时，书是向右侧翻开的。日语小说等文章基本上都是从右上到左下依次阅读的。日本的报纸等虽然会被分割成多个小部分，但是总体上还是“从右上到左下”的视觉走向。

美学校講座 絵と美と画と術

佐藤直樹　都築潤　池田晶紀　マジック・コバヤシ　小田島等

2011年度参加ゲスト タナカカツキ、スージー甘金、川島小鳥、長尾謙一郎

デザイン、イラストレーション、写真、映像、漫画等に関わる仕事を生業としてきた講師陣による、超領域的実践講座。豪華ゲストも加わり、時に厳しく、時にゆるゆる、創作中枢を刺激し合います。これで駄目なら諦めましょう。

参加は、デザインやらイラストレーションやら写真やら映像やらを将来の仕事として考えている人でもそうでない人でもかまいません。が、それぞれの業界への近道を探している方には向きません。わたしたちは「絵」のことや「美」のことや「画」のことや「術」のことを徹底して考え、論じ、実践しようとしていますが、最終的にどこへ向かうかはわからないからです。

この、どこへ流れ着くかわからない船に同乗し、ともに舵を取ろうという勇気ある学徒を歓迎します。「絵」「美」「画」「術」のいずれかまたはすべてに強い感心を持ち、自らそれに関わりたいと考えている人であれば、どなたでも参加できます。ただし、あなたの中にワープ航法的な飛躍を起こせるかどうかは、あなた自身の自主性が鍵となるでしょう。

バンド活動がそうであるように、メンバー全員の積極性を前提としつつ、個々の表現枠を超えたアウトプットを目指したいと思います。

問い合わせ随時受付中 http://www.△△△△△△.jp/

美学校 ■住所：〒101-0051 東京都千代田区神田神保町2-20第2富士ビル3F ■TEL：03-3262-2529（受付時間：13:00～18:00） ■FAX：03-3262-6708 ■メール：bigakko@tokyo.email.ne.jp

横排

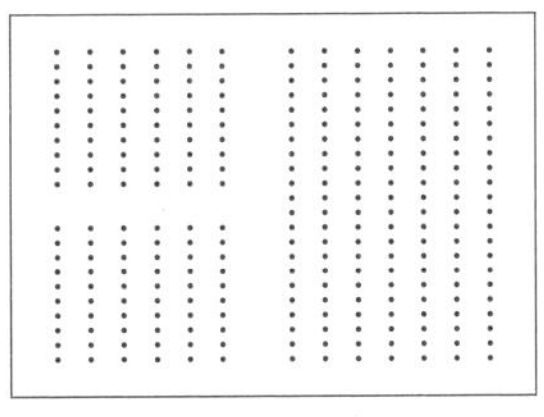

以点来表示文字

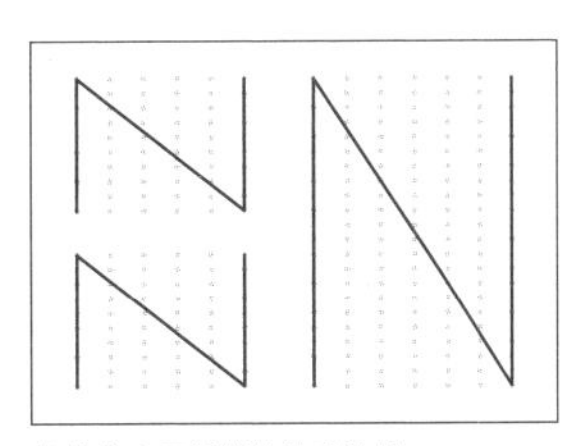

以线来表示视线的流动轨迹

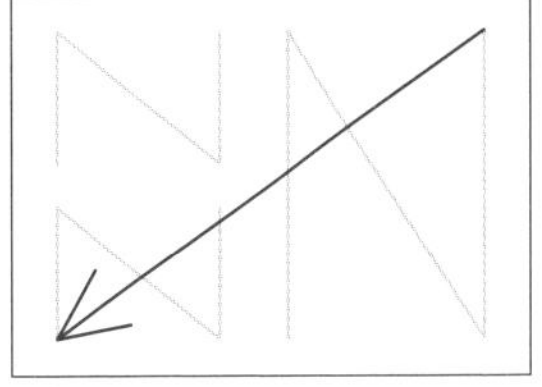

视线的整体走向是从右上到左下

■文字方向为横竖混排的情况也很普遍。这种设计方式常见于杂志和单张的海报等。此时我们要事先确定整体的版式以哪种文字方向为基准，以免造成读者的混乱。

美学校講座 絵と美と画と術

佐藤直樹　都築潤　池田晶紀　マジック・コバヤシ　小田島等

二〇一一年度参加ゲスト タナカカツキ、スージー甘金、川島小鳥、長尾謙一郎

デザイン、イラストレーション、写真、映像、漫画等に関わる仕事を生業としてきた講師陣による、超領域的実践講座。豪華ゲストも加わり、時に厳しく、時にゆるゆる、創作中枢を刺激し合います。これで駄目なら諦めましょう。

参加は、デザインやらイラストレーションやら写真やら映像やらを将来の仕事として考えている人でもそうでない人でもかまいません。が、それぞれの業界への近道を探している方には向きません。わたしたちは「絵」のことや「美」のことや「画」のことや「術」のことを徹底して考え、論じ、実践しようとしていますが、最終的にどこへ向かうかはわからないからです。

この、どこへ流れ着くかわからない船に同乗し、ともに舵を取ろうという勇気ある学徒を歓迎します。「絵」「美」「画」「術」のいずれかまたはすべてに強い感心を持ち、自らそれに関わりたいと考えている人であれば、どなたでも参加できます。ただし、あなたの中にワープ航法的な飛躍を起こせるかどうかは、あなた自身の自主性が鍵となるでしょう。

バンド活動がそうであるように、メンバー全員の積極性を前提としつつ、個々の表現枠を超えたアウトプットを目指したいと思います。

問い合わせ随時受付中 http://www.△△△.jp/

美学校

竖排

修改后的版式

■感觉如何？虽然设计方法不是唯一的，但是可以确定的是，下面的版面已经比之前的易读多了。这个版面的视觉走向是以横排为基准的。不过，为了不让它看上去过于单调，我们把概要部分设计成了竖排的导语。在其中插入竖排的文字后，虽然部分视觉走向是从右上到左下的，但这并不影响从左上向右下的整体视觉走向，所以阅读起来十分顺畅。

美学校講座 絵と美と画と術

佐藤直樹　都築潤　池田晶紀
マジック・コバヤシ　小田島等

2011年度参加ゲスト　タナカカツキ、スージー甘金、川島小鳥、長尾謙一郎

デザイン、イラストレーション、写真、映像、漫画等に関わる仕事を生業としてきた講師陣による、超領域的実践講座。豪華ゲストも加わり、時に厳しく、時にゆるゆる、創作中枢を刺激し合います。これで駄目なら諦めましょう。

参加は、デザインやらイラストレーションやら写真やら映像やらを将来の仕事として考えている人でもそうでない人でもかまいません。が、それぞれの業界への近道を探している方には向きません。わたしたちは「絵」のことや「美」のことや「画」のことや「術」のことを徹底して考え、論じ、実践しようとしていますが、最終的にどこへ向かうかはわからないからです。

この、どこへ流れ着くかわからない船に同乗し、ともに舵を取ろうという勇気ある学徒を歓迎します。「絵」「美」「画」「術」のいずれかまたはすべてに強い感心を持ち、自らそれに関わりたいと考えている人であれば、どなたでも参加できます。ただし、あなたの中にワープ航法的な飛躍を起こせるかどうかは、あなた自身の自主性が鍵となるでしょう。

バンド活動がそうであるように、メンバー全員の積極性を前提としつつ、個々の表現枠を超えたアウトプットを目指したいと思います。

問い合わせ随時受付中 http://www.△△△△.jp/

美学校　■住　所：〒101-0051　東京都千代田区神田神保町2-20第2富士ビル3F　■FAX：03-3262-6708
■TEL：03-3262-2529（受付時間：13:00～18:00）　■メール：bigakko@tokyo.email.ne.jp

横竖混排，以横排为主

总　结

- ■ 文字方向为横排时，视觉走向为从左上到右下。
- ■ 文字方向为竖排时，视觉走向为从右上到左下。
- ■ 文字方向为横竖混排时，则以其中的一种为基准。

2 元素的优先顺序

在构思版式时，为了设计必要的视觉走向，必须明确版面信息的“优先顺序”。下面让我们来看一下什么是考虑了优先顺序的版式设计。

价格还是设计？

■请观察右侧的两张图，它们似乎是介绍新上市的马克杯的宣传单。首先，让我们来看看它们包含哪些元素。

①马克杯的照片

②广告词

③价格

④产品介绍

以上便是这两个宣传单的四大元素。图 A 强调的是什么呢？首先是“③价格”，其次是“②广告词”，主要强调这款马克杯的性价比与“全新登场”的新鲜感。然后，再来看看图 B。它使用了数张马克杯的照片，主要想表现马克杯的特征。

■那么，这份宣传单到底想传达什么信息呢？如果客户想把“980 日元”的价格作为卖点，就选择 A 方案；如果客户旨在全面展示杯子的设计，就选择 B 方案。我们在构思版式时，必须像这样来思考哪个才是我们最想传达的元素，这就是所谓的“元素的优先顺序”。

■考虑到客户制作宣传单的目的是推销这款马克杯，所以设计师也有必要向其推荐凸显价格优势的方案 A。

A

B

遵循元素优先顺序的版式设计

■若不先确认各种元素的优先顺序，则无法进行下一步的设计工作。对于版式设计中元素的优先顺序问题，设计师需要首先向客户确认相关设计要求。此外，设计师也有必要从原稿的内容中读取这些信息，了解客户最想传达的是哪种元素，从而确定版式设计中各元素的优先顺序。在此基础上，版式设计的工作才进入正题。那么，如何在版式设计中体现元素的优先顺序呢？我们可以从以下三个方面着手。

①大小

②位置

③强度（包括颜色、文字的粗细、图片）

我们以一张宣传单为例，观察一下这三个因素的变化。顺序靠前的元素所占面积要大，要置于醒目的位置，还要加上鲜明的色彩，加粗文字，必要时甚至加入图片。

デザインのひきだし 16
第 1 特集
【次】五感すべてを刺激する
【主】スクリーン印刷ですごい印刷！
第 2 特集
【次】今までちゃんと知らなかった。
【主】白オペークを極める
第 3 特集
【次】紙に関するスポットを大紹介！
【主】日本・紙トラベル

初版限定実物見本各種
すごいスクリーン印刷 9 種類＋白オペークサンプル 20 枚
＋ TOKA VIVA FLASH DX 色見本 12 枚＋影押し

这是客户提供的宣传单原稿，包括文字和图片。我们要将这些元素设计成一张A4纸大小的横版宣传单。客户的附加要求为“向读者传达这本书的专题内容”。

放大最想传达的信息

根据客户的设计要求，首先要突出专题的标题（左上）。于是本例调大了专题标题的字号。尽管这张宣传单看起来如此单调，但是它能让专题标题率先进入读者的视野。

第 1 特集　五感すべてを刺激する

スクリーン印刷ですごい印刷！

第 2 特集

今までちゃんと知らなかった。
白オペークを極める

第 3 特集

紙に関するスポットを大紹介！
日本・紙トラベル

初版限定実物見本各種
すごいスクリーン印刷9種類＋白オペークサンプル20枚
＋TOKA VIVA FLASH DX色見本12枚＋影押し

プロなら知っておきたいデザイン・印刷・紙・加工の実践情報誌
デザインのひきだし ⑯
DESIGN NO HIKIDASHI

改变颜色和文字的粗细，突出最想传达的信息

根据客户的设计要求，首先要突出专题的标题。
本例的方法是把文字变成醒目的颜色（粉色），
同时加粗字体，从而加深印象。

第 1 特集　五感すべてを刺激する

スクリーン印刷で
すごい印刷！

第 2 特集

今までちゃんと知らなかった。
白オペークを極める

第 3 特集

紙に関するスポットを大紹介！
日本・紙トラベル

初版限定実物見本各種
すごいスクリーン印刷9種類＋白オペークサンプル20枚
＋TOKA VIVA FLASH DX色見本12枚＋影押し

プロなら知っておきたいデザイン・印刷・紙・加工の実践情報誌
デザインのひきだし ⑯
DESIGN NO HIKIDASHI

综合所有元素的版式设计

在实际的宣传单版面中，设计师会综合大小和色彩等所有设计元素，
从而突出最想引人注目的部分。本例对专题标题的文字进行加大加粗，
并将其变成醒目的粉红色，使其能第一时间进入阅读者的视野中。

总　结

■ 最想传达的元素是什么?

■ 通过①大小、②位置、③强度来表现元素的优先顺序。

3 分割版面

版式设计就是“以线绘面”，并对其中的元素规划先后顺序。当这些准备就绪之后，就要思考元素的位置了，也就是分割版面的方法。

确定各元素的位置

■我们假设下面的版面中共包括“标题”“主要视觉图（及图片说明）”和“正文”这三大元素。设计时该如何将这些元素配置到版面上呢？本书的第 20 页已经提过“以线绘面”的话题，而配置元素其实就是在“面”中创造容纳每个元素的“空间”。此时，按照元素的个数对版面进行分割，元素的大小和位置就一目了然了。从本页到第 29 页将为大家介绍 3 ~ 6 分法的各种示例，大家在实际设计时可以参考。

上方留出一条狭长的空间，下方左大右小的 3 分法。

右侧为纵向的长方形，左侧空间几乎做等分的 3 分法。

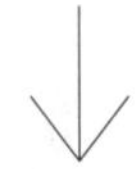

東京のおでかけイベント情報

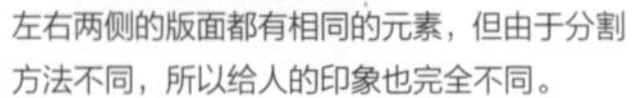

左右两侧的版面都有相同的元素，但由于分割方法不同，所以给人的印象也完全不同。

3 分法

4 分法

5 分法

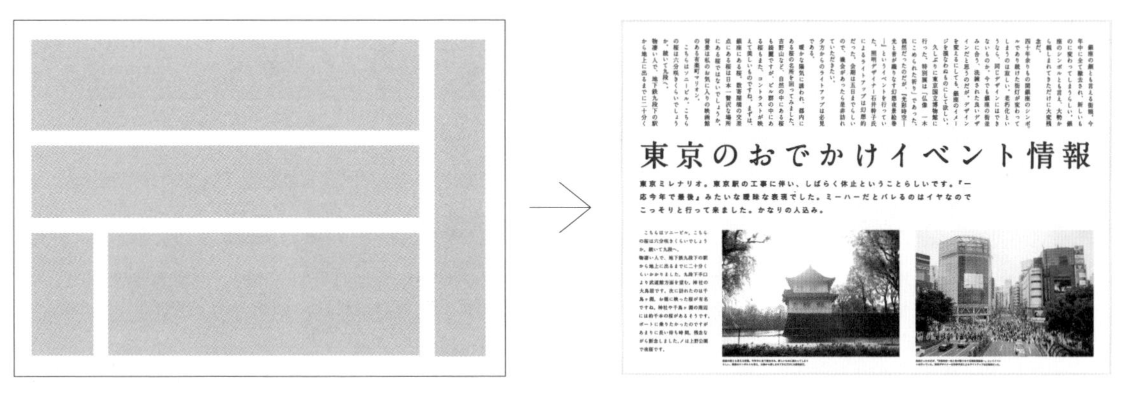

6 分法

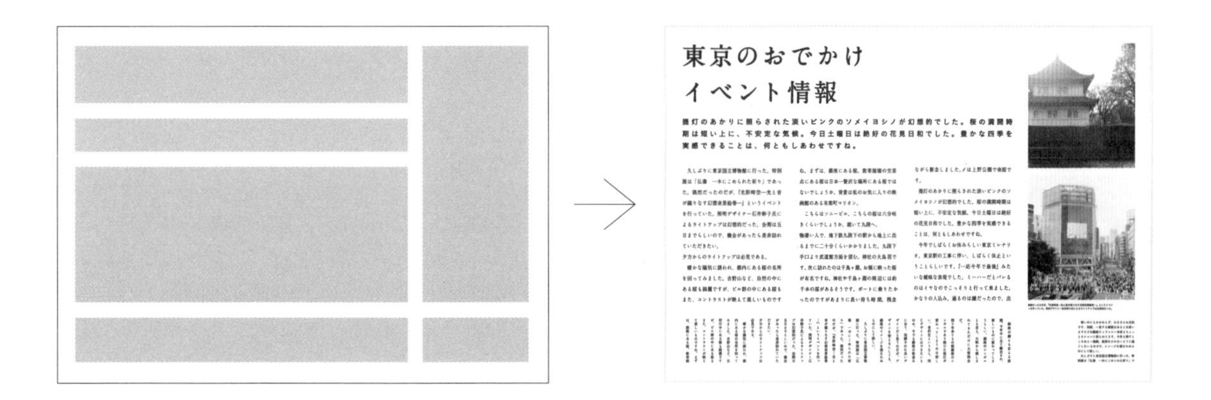

总 结

■ 在对版面进行分割时，关键要立足于元素的数量和先后顺序。

4 绘制草图

在使用设计软件之前，请先拿出一张纸来绘制草图吧。

试一试

■根据下列条件制作一张广告宣传单。首先，在与宣传单同尺寸的纸上绘制草图，以构思如何配置各个元素。

条件

- 一张尺寸为A4(210 mm × 297 mm)大小的四色彩印宣传单。
- 全部使用本地蔬菜及食材的餐厅“Agrifarm Kitchen”(アグリファーム·キッチン)开始正式营业。
- 广告词:“美味源自本土”(おいしいものは、地元の土から)。
- 开业时间:6月15日(星期五)。
- 地址:东京都千代田区九段北1-14-17。坐标为外墙有爬山虎的粉红色建筑。
- 100字左右的餐厅简介。
- 另有两个开业纪念活动的介绍,各60字左右。

失败的例子

■请看右侧的草图。这份草图是按照上述条件的要求制作的，虽然标题和照片等元素只算是勉强安排了位置，但无从知晓它们在纸面中究竟占多大的空间。其中的“100 w”似乎表示字数，可是那么小的空间真的能够容纳这么多的文字吗？因此，这样的草图在实际设计时起不了多大的作用。

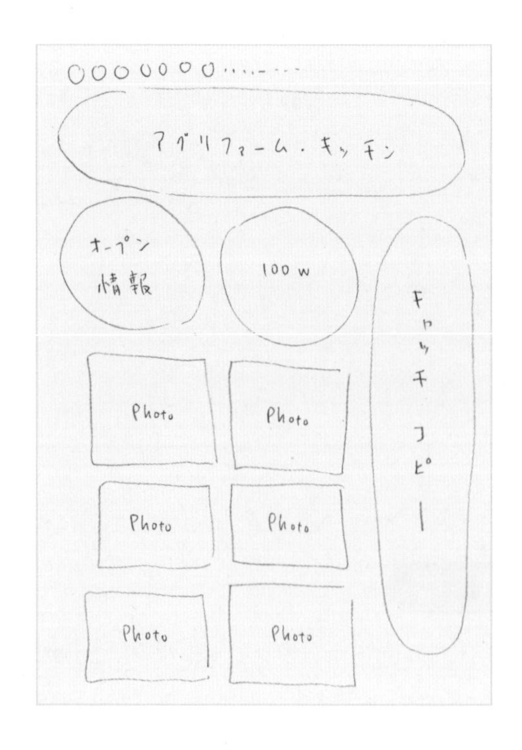

绘制草图的注意事项

■在熟练之后，可以用较小的草图来表现设计思路，但一开始的时候，我推荐大家使用原尺寸的纸张来绘制草图，以培养自己对大小的感觉。

■每个文字（平假名、片假名、汉字）都是正方形，这些正方形要占据多大的空间才能方便读者阅读呢？例如，若想把 200 字的原稿塞进 2 cm^2 的空间内，那字号只能设置得非常小。“空间是否够用”这种感觉会在实践中逐渐培养起来。不过，一边想象元素所占的空间一边绘制草图的习惯至关重要。

■在绘制草图的时候，我们要先思考第 20 页起所讲的“视觉走向”和“元素的优先顺序”等问题，然后确定各个元素的大小和位置。本例主要包括“标题”“广告词”“正文”和“照片”这四大元素。因此可以把纸面分割成四部分，采取 4 分法来进行设计。

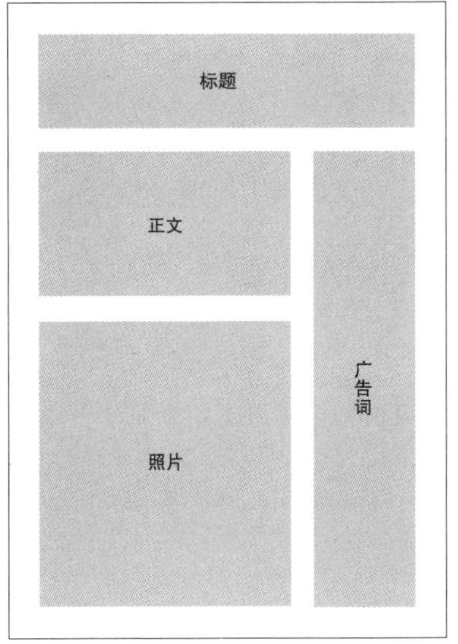

使用原尺寸的纸张来绘制草图，同时要在脑海中想象各个元素的大小。此时，除了客户提供的原稿以外，如果还有其他更好的元素，也可以考虑加入其中。比如在本例中，设计师就准备在开业日期的下方加入地图信息。

总　结

■ 要想确认脑海中的想法在现实的纸面上是否行得通，就动手画一份草图吧。

5 从草图到实际创作

绘制完草图后，就要开始实际的创作了。首先，可以尝试参照草图来配置各个元素。原封不动地照搬草图并不是创作的目的，还应从中发现可以改进的地方。

■首先，可以试着完全按照草图来配置各个元素。由于绘制草图的目的就是思考如何配置元素，所以应该没有问题。怎么样？眼前的宣传单和草图是一致的吧？

■尽管用草图可以大致分配各个元素，但是在实际创作中，也能发现“与构思有出入”的地方。虽然字体和颜色是左右作品形象的关键元素，但是首先请注意“空间”的问题。各个元素的大小都是最理想的尺寸吗？

■草图只是设计的思路，让我们再试试其他的构思吧。从提升版式设计自由度的意义上来说，留白是一个有效的方法。

■我们可以在设计的过程中重新调整文字的数量。文字内容也是可以调整的，为了更好地传达版面的信息，有时需要适当地增减文字。

■空间上的留白会让版面看起来更加舒适。如果想做更加醒目的设计，可以考虑加入突出重点的修饰，比如本例中的“线”。

■即便是“改变线的粗细”这样细微的调整，也会给版面的整体印象带来很大的变化。我们还可以调整线的颜色和布局等，修饰的方案多种多样。不过，首先请把注意力集中到空间上。对于版式设计而言，空间的分配意识至关重要。

■即便是相同的元素，也会因放置位置的不同使整体印象发生变化。我们要在移动“留白”和“线”的过程中，摸索出使其看上去更具魅力的位置。

■“放大有吸引力的元素”这种做法几乎人人都会想到，实际上有时也确实需要这么做。但是，不要只顾放大元素，还要考虑周围的空间。

■请参考草图，在创作的过程中为各个元素找到理想的位置。另外，我们还需要考虑阅读者在什么情况下看到这份宣传单，这一点也很重要。我们想要阅读者在远处也能注意到它，还是拿到手中后再了解呢？请在创作的时候也思考一下这种关联性问题。

总 结

■ 草图只是设计的思路，请在创作的过程中找到更好的布局。

6 使用参考线

对元素进行设计，是为了准确地传达版面的信息和意图。那么，为了使版面看起来更加协调，我们尝试一下“参考线”。

杂乱无章的版面

■请看左侧这个宣传单。其中包括标题、正文和主要视觉图等元素，也考虑了视觉走向。然而，请仔细观察一下，你发现问题了吗?

画出大致框架的参考线

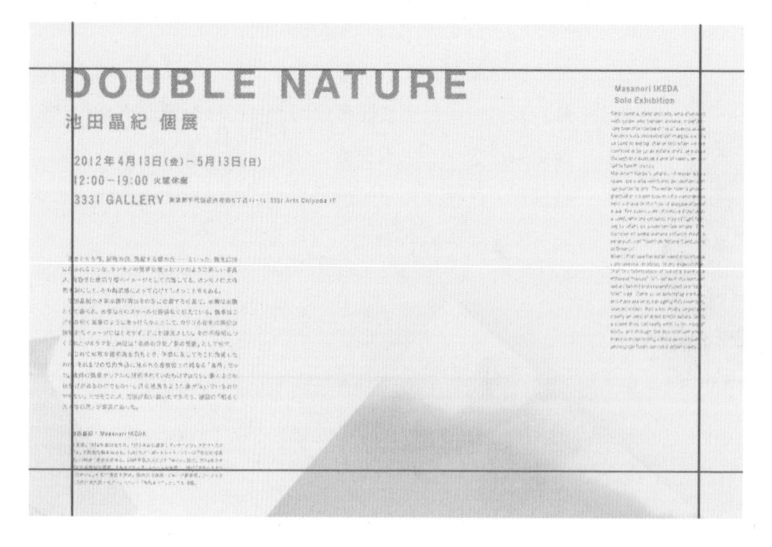

■这个版面看起来有点儿奇怪，你能说出其中的原因吗？我们通过画参考线就能找到答案。可以发现，它的标题、正文和图片说明的位置有一点儿错位，而且是无意中形成的（这点很重要）。如果在构思各个元素的位置时，能在脑海中勾勒出参考线的框架，就可以避免出现这种微妙的错位。下面让我们先在各页中用辅助线隔出空白部分。

细化参考线

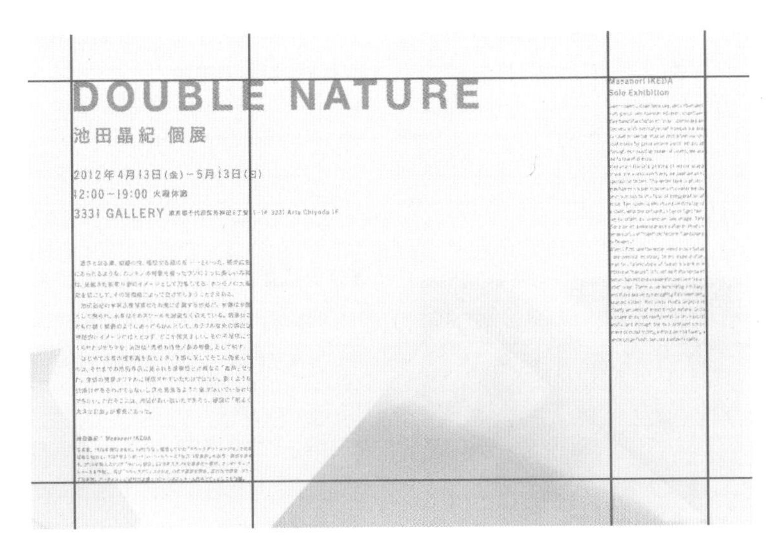

■然后，沿着正文和图片说明的行尾以及英文左侧每行的开头，再画两条参考线。以此框架为参考，使文字能够基本容纳于这一范围之内。

■不过，并非要求所有内容都必须进入框架之内。虽然标题和简介超出了参考线圈定的范围，但由于每行文字的开头部分都对齐了，所以整个版面变得整齐美观了。

去掉参考线

■画上参考线，以此为框架对齐元素，待所有元素都变得井然有序后就可以把参考线去掉了。与前面的版面相比，可以发现不协调的感觉已经消失了。

■不过，我们不能总是靠参考线来发现这些不平衡的地方。我们要学会用眼睛来判断“元素是对齐还是错位”。用标尺来做到绝对的对齐，并非是我们的目的。重要的是，我们要对元素的位置有一种“看上去对齐了”“看上去没有对齐”的感觉。

总 结

■ 通过画参考线来确定元素的位置。

7 分页的思考方法

与海报、宣传单等单页的版式设计不同，杂志和小册子等“多页读物”有多个页面，下面让我们来思考一下这种版式的设计方法。

跨页的版面

名工の肖像

漆器のような艶をつくる紙

漆紙職人　岡田勇次

（エス・アール・エス・スガヤ）

漆器を思わせる艶で、高級感あふれる貼箱などに用いられる「漆紙」。原紙を染め、型押しし、うるし加工をする過程では、機械を用いるとはいえ、職人の手による微調整が絶えず必要だ。大正時代からの歴史があるが、いまでは製造メーカーも全国で二社のみ。この道四十年超の漆紙職人・岡田勇次さんにお話を聞いた。

子どもの頃から工場に出入り

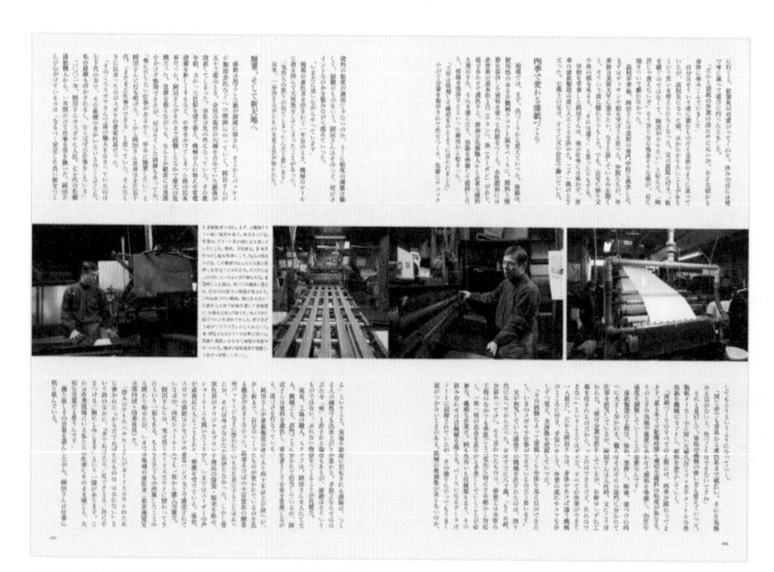
四季で変わる微調整

継承、そして新天地へ

摘自《设计的抽屉》（デザインのひきだし）杂志

■分页是指在构建一个多页的企划时，保持同一企划具有统一风格的同时，使各页独具特色的编辑和版式设计方法。

■左侧这篇文章就是一个共计 4 页的分页实例。虽然各个双联页的版式设计有所不同，但是我想大家可以明显看出它们属于同一篇文章。那么，让我们来思考一下这两组双联页有何共同之处。

■在左侧的例子中，这两组双联页最大的共同点是它们都具有背景色。这是从某个册子中摘取的两组双联页，由于该册子的其他页面大多没有背景色，所以这两组具有背景色的双联页便能与其他文章区别开来，于是它们同属一组设计的关联性就一目了然。

■此外，正文被放置于页面的上部和下部也是它们的一个共同点。在这两组双联页中，正文使用的字体、小标题的字号和字体，以及每行正文的字数等都遵循了同一原则，而且四周的留白部分在二者中所占的比例也相同。

■所谓“遵循同一原则”，就是强调内容会具有延续性，会跨越数页。因此，在进行版式设计时关键要斟酌原则的适用范围。分页的思考方法可以应用于多页的纸质读物（册子）和网页设计这两个方面，请大家牢记。

哪些是决定原则的项目？

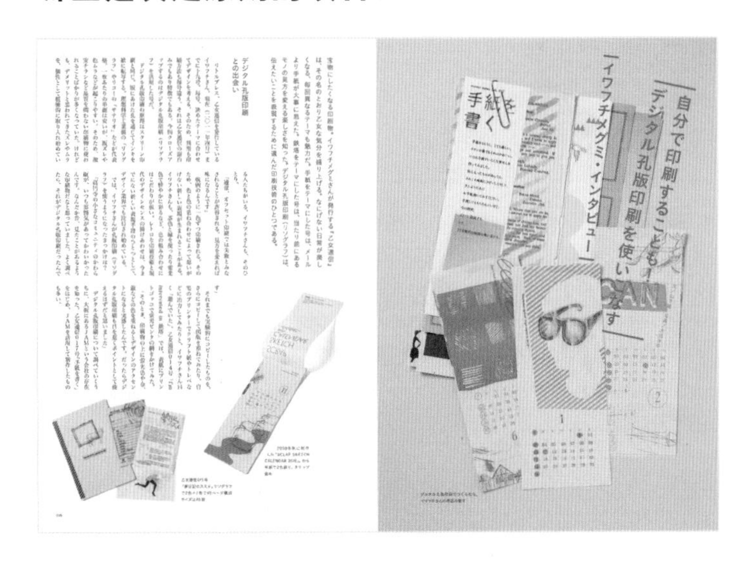

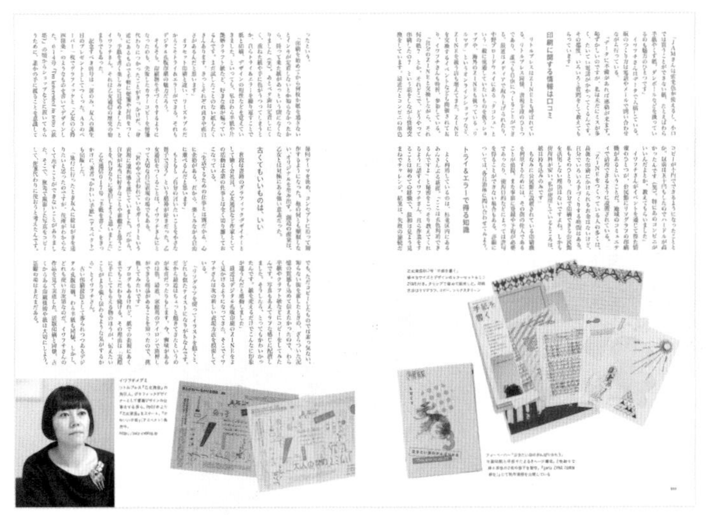

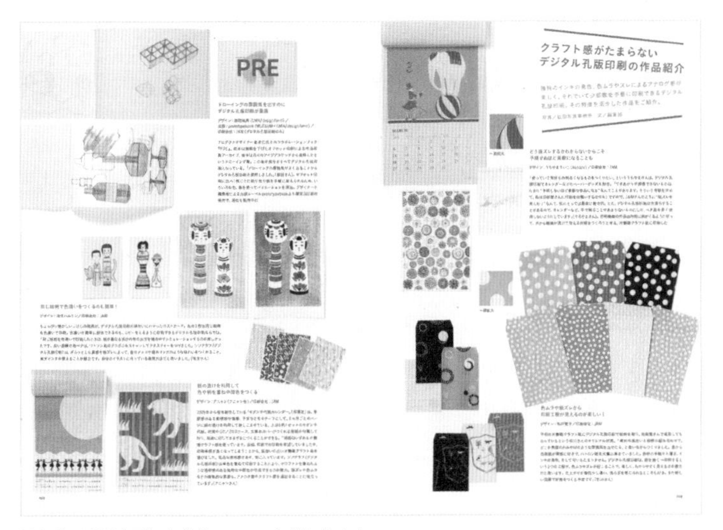

摘自《设计的抽屉》（デザインのひきだし）杂志

■请看左侧这三组双联页的实例，这是一本杂志中的同一组特辑页。虽然每一页的版式设计都各具特色，但是我们能看出它们是连续的文章。为什么这么说呢？

■我曾在第 36 页中说过，在设计跨越数页的长篇文章时，“遵循同一原则”至关重要。那么，这一原则要运用在何处呢？

■一般认为构成页面的元素（项目）包括“页边距”“大标题”“正文”“小标题”“图片说明”“颜色”和“其他视觉元素”。在这些元素中，“遵循同一原则”的元素越多，分页的一致性就越强。比如，使小标题的颜色保持一致，确定一种关键色并用在所有的页面中，等等。

■我们之所以能够辨识左侧这三组双联页属于同一篇文章，首先是因为它们使用了相同的关键色。其中大标题、简介和小标题等均为蓝色。此外，前两组双联页中的正文文字的大小、每行的长度、字体、栏数和段间距等也是一样的格式。另外，它们的页边距也是一样的，尽管第三组双联页稍微有点难以分辨。因为三者遵循了上述的相同原则，所以我们就自然而然地明白它们是同一篇文章的延续。

如何处理两篇以上的文章

■在设计一本册子的时候，如果其中包含两篇以上内容不同的文章，那么重点在于各篇文章要分别遵循各自的原则。在同一本册子的版式设计中，如果希望读者能在文章切换时一目了然地分辨出来，可以参照第 36 页提到的“原则”分别对各篇文章进行有效地调整。如此一来，就能给连续的页面带来变化。

■下面，让我们以某企业的宣传杂志为例，来具体说明一下在版式设计中如何处理两篇以上的文章。卷首是座谈会页面，其后是某设施的介绍，最后是专栏文章。这三篇文章风格迥异，但都属于同一本册子。

■我们先来确定一下各篇文章中，要修改或保留哪些“决定原则”的项目，或许也可以改变所有项目。

■我们在第 37 页讲过决定原则的项目，它们分别是“①页边距”“②大标题”“③正文”“④小标题”“⑤图片说明”“⑥颜色”和“⑦其他视觉元素”，并提到“遵循同一原则”的元素越多，分页的一致性就越强。反之，若想增加变化就要改变原则，此时的顺序非常重要。在①～⑦的顺序中，越靠前的项目越不宜修改，而改变后面的项目就能使各篇文章产生视觉上的差异。

■从增加变化的层面上讲，修改后效果最明显的项目可能要属“其他视觉元素”。例如，更换照片和插图就能带来不同的感觉。其次能给文章带来变化的是“颜色”。若想在同一本册子中既保持一定的色调又使各页独具特色，就可以灵活使用颜色。若想进一步增强差异性，就要调整“大标题”“正文”“小标题”的字体和字号了，最后才会对“页边距”下手。

使同类内容体现差异的方法

■右侧是一个让三篇同类文章在各页中体现差异的例子。让我们仔细观察一下其中遵循以及改变了哪些原则。

■右侧是三篇介绍办公室空间的文章。首先，我们来看看它们的共同之处，其中“页边距”“大标题”“正文”“小标题”的字体和字号都遵循了同一原则。此外，页面左上角的特色页眉和左下角体现办公室特征的图表的风格也一致，继而营造出统一感。

■页面中变化的项目是“其他视觉元素”和“颜色”。各篇文章中的主要照片的差异，使各个页面的印象有所不同。另外，对图表和页眉的颜色做了区分，从而使同一特辑中的文章各具特色。

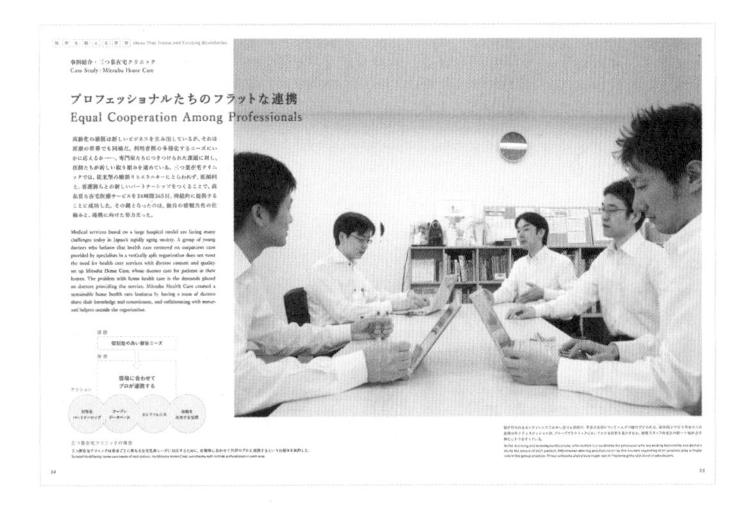

总　结

■ 确定整体原则。

■ 在处理不同的文章时，设定各自的原则。

8 来自印刷的限制

无论是印刷品还是网站都有各自媒介本身的限制。在设计版式时要对其有所了解。

出血位

■印刷品在印刷完成后基本上都会被裁切，为了避免印在上面的文字和照片（版面）因裁切误差而被裁掉，设计师通常会在成品边缘加上3 mm左右的预留部分。我们把预留的这部分称作“出血位”，并通过“角线”来确认。角线是一种在印刷工艺中使图像对准位置的十字形标记。角线会被设定在成品边缘（内角线）及其3 mm外（外角线）。

■通常，我们在设计版式时要预先考虑到裁切误差，所以把外角线设定在距版面边缘3 mm外的位置。当把文字置于版面的边缘时，我们要考虑到与四周的成品边线相距3 mm的部分可能会被裁切掉，在版式设计中要谨记这一点。

■向版式中加入照片和背景色时也是如此，必须要预先考虑到裁切误差。如果内容紧贴成品边缘，一旦裁切偏向外侧，成品就会多出白边，而裁切偏向内侧时，则可能导致照片被裁切掉一部分。因此，我们有必要对底色和照片做向外延展的处理。此外，也有很多人会在成品线的大致位置处设置框线，然后在框线内部进行版式设计，不过切记交稿时要将框线去掉。

骑马订

■在制作纸张的中央由铁丝固定的骑马订册子时要注意，如右图所示，内侧页和外侧页的宽度是不同的。以A4大小的骑马订册子为例，内侧页宽度不足210 mm，而最外侧的一页要大于这个宽度。通过测量某周刊杂志发现，外侧页总宽度为420 mm，而内侧页总宽度为407 mm，二者之间的最大宽度差为13 mm。因此，我们在设计时也要注意这一点。

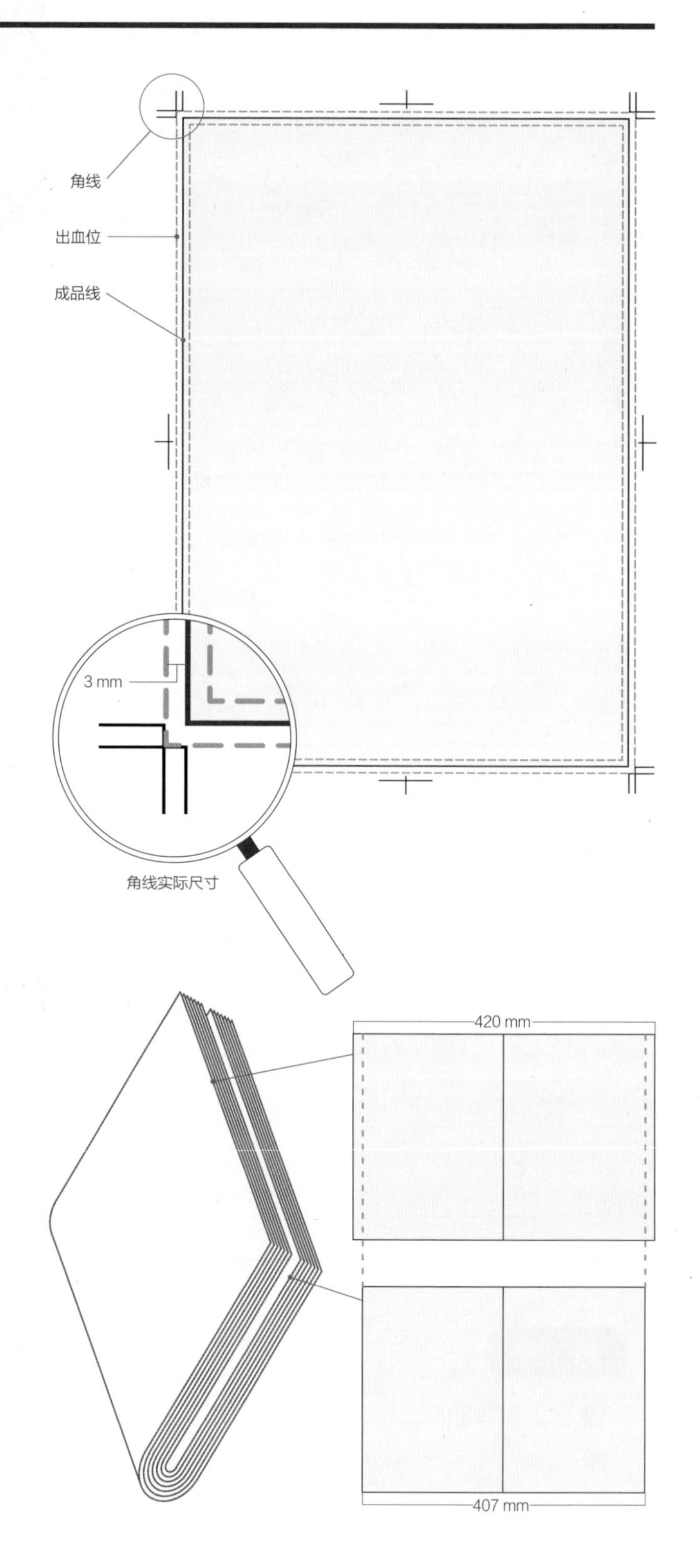

两页之间的凹陷部分

■在制作册子时有一点要注意，如本页图所示，翻开书页时，书本不可能完全摊平，订口部分会出现一些凹陷。由于读者在阅读凹陷处的内容时视线是倾斜的，倘若书中印有横跨左右两页的照片，则需要在凹陷处做一些重叠的处理。

■那么，照片的重叠程度该如何把握呢？用尺子从上方测量可以发现，在阅读者的视线中，从开始弯曲的凹陷处到中心的直线距离为 3 mm（右上图中的 A），但是这部分的实际长度为 6 mm（右上图中的 B）。在这种情况下，二者之间相差的 3 mm 就可以作为图片重叠的量。

■最近，由于装订技术的进步，装订方法也随之增多。即便是页数较多的册子，也有相应的装订方法把凹陷处处理得恰到好处，几乎不会产生凹陷的情况。上面所举出的只是众多例子中的一个，在实际的制作过程中，让我们用样书（印刷装订的样本）来仔细研究成品的外观，并充分认识装订与平面设计的差异，不断对其进行细微的调整。

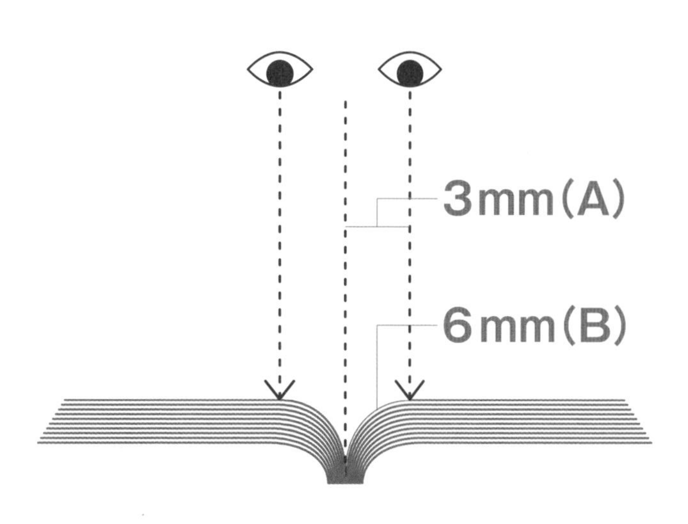

© DAZED & CONFUSED JAPAN #55 MARCH 2007 P030-031 出版 / CAELUM 发售 / TRANS MEDIA

总　结

■ 在版式设计中请意识到，内外两侧都有 3 mm 的出血位。外侧为裁切线，内侧是为了处理装订凹陷处的问题。

CHAPTER 2

第2章

对字体的考量

1 重视文字

文字是版式设计中不可或缺的部分，文字的印象也会决定整个页面的印象。那么，文字究竟有哪些种类呢？

找一找

■本页中有很多宣传单和书籍等各种各样的版面，首先让我们来观察一下这些版面上的“文字”。显而易见，其中的字体五花八门，令人眼花缭乱。

■另外，标题和正文在版面上的作用不同，所以根据各段文字的作用灵活改变字体也是版式设计的重点。

那么，大家了解这里所使用的字体吗？

Original

Helvetica Neue
[Bold]

ゴシック MB101
[Bold]

見出しゴ MB31

Original

見出しゴ MB31
+
Helvetica Neue
[Medium]

A1 宋体

Original

ゴシック MB101
[Demi Bold]
+
LT Univers
[530 Basic Medium]

LT Univers
[630 Basic Bold]

DIN
[Bold]

ちび丸ゴシック
[Demi Bold]

这里使用的字体是?

■这里所使用的字体你大概认识多少种呢？文字具有形形色色的特征，我们要将这些特征熟记于心，在版式设计中灵活运用与企划相契合的字体。此外，必要的时候还需对文字进行加工，设计原创字体。

（参考印刷字体形成的源流可知：宋体字在明代传至日本，被日本称作明朝体，故本书为考虑国人习惯将明朝体译为宋体，黑体是在现代印刷术传入东方后依据西文无衬线体所创。“黑体”在日文中称为 Goshikku-tai，直译即哥特体，这里将其称为黑体。而因年代流转、国情不同等原因，两国汉文字体虽大致相似，却在各自发展中演化出了不同的变体且仍有少许区别，这点请各位读者在阅读前能有所察。①）

① 《平面排版基本的基本》佐藤直树 + ASYL 著，冯锦源译，上海人民美术出版社，2014 年 1 月。

2 正文字体的选择

我希望大家先记住“宋体”和“黑体”。笔画有粗细变化的是“宋体”，而笔画粗壮、横竖均匀的则是“黑体”。

如何选择正文的字体?

宋体

■正文是最希望读者仔细阅读的部分。那么，我们应该如何选择它的字体呢?

宋体的笔画优美，具有汉字大而平假名小、横细竖粗的特征。宋体给人带来认真、安静的感觉，是一种传统的、易于阅读的正文字体。该字体常被用于文艺杂志和书籍的竖版正文中。

■此外，宋体分为传统风格和现代风格。简而言之，传统风格的宋体笔画之间形成的内部空间较为狭窄，假名较小；而现代风格的宋体字形较大，笔画之间形成的内部空间较为宽广。

■让我们比较一下秀英宋体与柊野宋体。秀英宋体是形成于 100 多年前的字体改刻后的字体，属于传统风格。柊野宋体则是 DTP 出现后形成的字体，属于现代风格。

秀英宋体

ジョバンニは何べんも
眼を拭いながら活字を
だんだんひろいまし
た。六時がうってしば
らくたったころ、ジョ
バンニは拾った活字を
いっぱいに入れた平た

ジョバンニは何べんも眼
を拭いながら活字をだん
だんひろいました。六時
がうってしばらくたった
ころ、ジョバンニは拾っ
た活字をいっぱいに入れ

柊野宋体

ジョバンニは何べんも
眼を拭いながら活字を
だんだんひろいまし
た。六時がうってしば
らくたったころ、ジョ
バンニは拾った活字を
いっぱいに入れた平た

ジョバンニは何べんも眼
を拭いながら活字をだん
だんひろいました。六時
がうってしばらくたった
ころ、ジョバンニは拾っ
た活字をいっぱいに入れ

黑体

■黑体是一种棱角分明、笔画粗细均匀的字体。与宋体相比，更具现代时尚、干脆利落且华美活跃之感。黑体中具有代表性的字体有中黑体 BBB 和新黑体。通过比较二者我们发现，尽管它们同为黑体，外形却如此不同。在下面的样本中，中黑体 BBB 和新黑体的字号是一样的，但因为新黑体笔画之间形成的内部空间较为宽广，所以看起来比较大。

■无论汉字还是平假名，新黑体的文字都很饱满，所以从远处看文字大小均匀。中黑体 BBB 中的平假名和汉字的大小不同，所以汉字更加醒目。由于这两种字体的特征各有千秋，因此要根据正文的目的和特征来选择使用。

中黑体 BBB

ジョバンニは何べんも
眼を拭いながら活字を
だんだんひろいまし
た。六時がうってしば
らくたったころ、ジョ
バンニは拾った活字を
いっぱいに入れた平た

ジョバンニは何べんも眼
を拭いながら活字をだん
だんひろいました。六時
がうってしばらくたった
ころ、ジョバンニは拾っ
た活字をいっぱいに入れ

新黑体

ジョバンニは何べんも
眼を拭いながら活字を
だんだんひろいまし
た。六時がうってしば
らくたったころ、ジョ
バンニは拾った活字を
いっぱいに入れた平た

ジョバンニは何べんも眼
を拭いながら活字をだん
だんひろいました。六時
がうってしばらくたった
ころ、ジョバンニは拾っ
た活字をいっぱいに入れ

美观的秘诀

■那么，我们该如何灵活运用宋体和黑体这两种字体呢？一般来说，对于需要阅读大量文字的竖排小说等而言，宜使用宋体。不过，我们有时也会刻意在正文中使用黑体。此外，杂志有时会在正文使用宋体，而在专栏使用黑体以示区别。请大家想着上一页提到的字体特征，然后有意识地去阅读书或杂志。希望读者仔细阅读的文章用宋体，而希望大段文字看起来富有些许现代感的则用黑体，你是否发现了这样的规律呢？不管怎样，在选择正文的字体时，关键在于能够使读者在不知不觉中沿着版式设计的走向流畅地阅读。

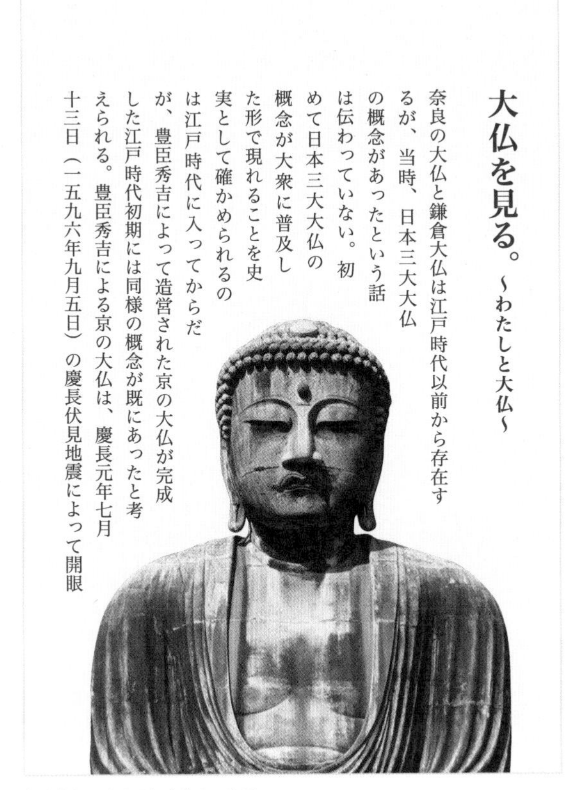

宋体使版面内容看起来认真、稳重

黑体使版面内容看起来随意、亲切

总结

- ■ 字体包括宋体和黑体。宋体和黑体又分别拥有形形色色的种类，所以请根据使用目的来灵活选择字体。
- ■ 选择正文的字体时，关键在于能使读者在不知不觉中读完文字。

3 各种各样的字体（宋体篇）

宋体给人的印象是笔画柔美，如行云流水。其实，宋体也有很多种，而且文字的印象和风格也各不相同。下面让我们以常用的宋体为例，比较一下它们的异同。

ZEN 旧宋体 N M

ジョバンニは何べんも眼を拭いながら活字をだんだんひろいました。六時がうってしばらくたったころ、ジョバンニは拾った活字をいっぱいに入れた平

该字体是极具传统美感的宋体。字体保留着古典的美感，使用该字体彰显品位。

小塚宋体 M

ジョバンニは何べんも眼を拭いながら活字をだんだんひろいました。六時がうってしばらくたったころ、ジョバンニは拾った活字をいっぱいに入れた平

该字体由日本现代举足轻重的字体设计大师小塚昌彦设计，具有平衡的美感，适用面广。

游宋体 M

ジョバンニは何べんも眼を拭いながら活字をだんだんひろいました。六時がうってしばらくたったころ、ジョバンニは拾った活字をいっぱいに入れた平

该字体是以单行本和文库本小说正文为对象而开发的字体。该字体轮廓柔和，用在标题中也很醒目。

柊野宋体 W3

ジョバンニは何べんも眼を拭いながら活字をだんだんひろいました。六時がうってしばらくたったころ、ジョバンニは拾った活字をいっぱいに入れた平

该字体笔画之间形成的内部空间宽广，是重视平衡感的现代宋体，常见于大标题、小标题和正文中，适用面极广。

筑紫 A 旧宋体 M

ジョバンニは何べんも眼を拭いながら活字をだんだんひろいました。六時がうってしばらくたったころ、ジョバンニは拾った活字をいっぱいに入れた平

该字体笔画之间形成的内部空间狭窄，反而极具美感。2008 年推出 R 字体后，该字体家族也得到进一步充实。

筑紫 B 宋体 L

ジョバンニは何べんも眼を拭いながら活字をだんだんひろいました。六時がうってしばらくたったころ、ジョバンニは拾った活字をいっぱいに入れた平

该字体由筑紫宋体的汉字与筑紫古典 L 宋体的假名组合而成，适用于小说等长篇正文。

筑紫宋体 L

ジョバンニは何べんも眼を拭いながら活字をだんだんひろいました。六時がうってしばらくたったころ、ジョバンニは拾った活字をいっぱいに入れた平

该字体是适用于长篇正文的宋体。它是在探求活字、照相印刷的优越性的过程中创造，并于 2003 年推出的字体。

秀英宋体 M

ジョバンニは何べんも眼を拭いながら活字をだんだんひろいました。六時がうってしばらくたったころ、ジョバンニは拾った活字をいっぱいに入れた平

秀英舍的活字形态因文字的大小而异，本字体是完全继承该特征后全新开发的字体。

光朝体

ジョバンニは何べんも眼を拭いながら活字をだんだんひろいました。六時がうってしばらくたったころ、ジョバンニは拾った活字をいっぱいに入れた平

该字体由引领现代设计潮流的田中一光从西文字体 Bodoni 获得灵感创造，特征是极细的锋利横笔画。

筑紫 C 标题宋体 E

ジョバンニは何べんも眼を拭いながら活字をだんだんひろいました。六時がうってしばらくたったころ、ジョバンニは拾った活字をいっぱいに入れた平

该字体继承了金属活字时期的运笔法。汉字和英文字母是相同的，但把英文数字重新设计成了传统风格。

筑紫 A 标题宋体 E

ジョバンニは何べんも眼を拭いながら活字をだんだんひろいました。六時がうってしばらくたったころ、ジョバンニは拾った活字をいっぱいに入れた平

该字体的特征为假名线条硬朗，具有毛笔楷书风。融合了活字的意韵与现代的新意。

筑紫 C 旧宋体 R

ジョバンニは何べんも眼を拭いながら活字をだんだんひろいました。六時がうってしばらくたったころ、ジョバンニは拾った活字をいっぱいに入れた平

该字体是兼具传统和创新运笔的字体。笔画之间形成的内部空间及字形圆润，笔画锋利、运笔流畅。

每日新闻宋体 L

ジョバンニは何べんも眼を拭いながら活字をだんだんひろいました。六時がうってしばらくたったころ、ジョバンニは拾った活字をいっぱいに入れた平

该字体是继承了活字字体两大源流之一的秀英舍（『大日本印刷』的前身）血统的宋体。正文和标题均适用。

秀英宋体 L

ジョバンニは何べんも眼を拭いながら活字をだんだんひろいました。六時がうってしばらくたったころ、ジョバンニは拾った活字をいっぱいに入れた平

该字体是每日新闻社为报纸正文开发的宋体。该字体灵活运用了『假想字身』①所带来的较大轮廓。

A1 宋体

ジョバンニは何べんも眼を拭いながら活字をだんだんひろいました。六時がうってしばらくたったころ、ジョバンニは拾った活字をいっぱいに入れた平

该字体是森泽初期发布的传统风格宋体，再现了照相排版特有的『墨的力度』，这也是该字体极受欢迎的原因。

标题宋体 MA31

ジョバンニは何べんも眼を拭いながら活字をだんだんひろいました。六時がうってしばらくたったころ、ジョバンニは拾った活字をいっぱいに入れた平

该字体是为标题开发的宋体。该字体风格传统，汉字和假名有差异，不过不会令人感觉过于刻意。

岩田旧宋体

ジョバンニは何べんも眼を拭いながら活字をだんだんひろいました。六時がうってしばらくたったころ、ジョバンニは拾った活字をいっぱいに入れた平

该字体再现了从金属活字时期开始在书籍的正文中使用的岩田细宋体。该字体蜿蜒起伏，具有超越时代的风格。

凸版文久宋体 R

ジョバンニは何べんも眼を拭いながら活字をだんだんひろいました。六時がうってしばらくたったころ、ジョバンニは拾った活字をいっぱいに入れた平

该字体是以 1956 年作为金属活字出现的凸版字体为基础，在 2012 年开发的字体。

秀英初号宋体

ジョバンニは何べんも眼を拭いながら活字をだんだんひろいました。六時がうってしばらくたったころ、ジョバンニは拾った活字をいっぱいに入れた平

该字体是对用于标题的秀英宋体初号活字的重新设计，特征是字体具有稳定感。

秀英 5 号 R

ジョバンニはなんべんもめをぬぐいながらかつじをだんだんひろいました。ろくじがうってしばらくたったころ、ジョバンニはひろったかつじをいっぱ

在大小各异的秀英宋体中，该字体把 5 号正文改成原来大小的字体，特征是兼有筑地体的风格。

龙宋体 R

ジョバンニは何べんも眼を拭いながら活字をだんだんひろいました。六時がうってしばらくたったころ、ジョバンニは拾った活字をいっぱいに入れた平

该字体是从 DTP 初期开始活跃至今的标准宋体。其中，R 投放市场的时间较晚，完成度较高。

本宋体（新小假名）L

ジョバンニは何べんも眼を拭いながら活字をだんだんひろいました。六時がうってしばらくたったころ、ジョバンニは拾った活字をいっぱいに入れた平

该字体是锋利与优美和谐统一、可读性较高的宋体。假名部分的字体还有『标准假名』『小假名』『新假名』等。

TB 筑地 M DE

ジョバンニは何べんも眼を拭いながら活字をだんだんひろいました。六時がうってしばらくたったころ、ジョバンニは拾った活字をいっぱいに入れた平

该字体是从筑地体的字形改编而成的具有现代气息的字体。汉字由 TB 宋体统一开发。

游筑 36 磅假名 W3

ジョバンニはいべんも眼を拭いながら活字をだんだんひろいました。六時がうってしばらくたったころ、ジョバンニは拾った活字をいっぱいに入れた平

该字体是以筑地活版制造所的 36 磅宋体为基础，结合柊野宋体的汉字开发出的字体。

总 结

■ 虽然同为宋体，但是风格从传统到现代，其字体五花八门。我们要结合文章的内容挑选合适的字体。

---

① 过去的活字中，活字上文字的实际字面面积要小于活字的正方形面积。在字体设计中，假想出来的活字正方形称为“假想字身”（字身框）。——译者注

4 各种各样的字体（黑体篇）

黑体是为标题开发的字体。与宋体不同，黑体不同字体的大小差异一目了然。下面让我们以常用的黑体为例，比较一下它们的异同。

粗黑体 B101

ジョバンニは何べんも眼を拭いながら活字をだんだんひろいました。六時がうってしばらくたったころ、ジョバンニは拾った活字をいっぱいに入れた平

该字体是正统风格的黑体，保留了活字字体的韵味。该字体于起伏中强调竖笔画起始处的力度，且又不失稳定感。

游黑体初号假名 E

ジョバンニは何べんも眼を拭いながら活字をだんだんひろいました。六時がうってしばらくたったころ、ジョバンニは拾った活字をいっぱいに入れた平

由于该字体中每个文字的『表情』各异，根据所要用的文字来选择方为上策。该字体的设计结合了柊野角黑体中的汉字。

游黑体 M

ジョバンニは何べんも眼を拭いながら活字をだんだんひろいました。六時がうってしばらくたったころ、ジョバンニは拾った活字をいっぱいに入れた平

该字体的汉字笔画之间形成的内部空间略窄，外围宽敞，优雅的轮廓极富现代感。

黑体 MB101 R

ジョバンニは何べんも眼を拭いながら活字をだんだんひろいました。六時がうってしばらくたったころ、ジョバンニは拾った活字をいっぱいに入れた平

黑体 MB101 系列经常被用在大、小标题中，后起之秀 R 字体更为纤细，适用面较广。

柊野角黑体旧 W8

ジョバンニは何べんも眼を拭いながら活字をだんだんひろいました。六時がうってしばらくたったころ、ジョバンニは拾った活字をいっぱいに入れた平

该字体是结合柊野角黑体的汉字与源自金属活字的假名而创作出的柊野系列的新字体，包括 W6 ~ W8。

柊野角黑体 W3

ジョバンニは何べんも眼を拭いながら活字をだんだんひろいました。六時がうってしばらくたったころ、ジョバンニは拾った活字をいっぱいに入れた平

该字体常见于显示器呈现的页面中，可谓现代最正统的字体。字体粗细也很丰富。

标题黑体 MB31

ジョバンニは何べんも眼を拭いながら活字をだんだんひろいました。六時がうってしばらくたったころ、ジョバンニは拾った活字をいっぱいに入れた平

该黑体字面设计得较小，具有独一无二的特征，不属于任何字体家族。

中黑体 BBB

ジョバンニは何べんも眼を拭いながら活字をだんだんひろいました。六時がうってしばらくたったころ、ジョバンニは拾った活字をいっぱいに入れた平

该字体是传统黑体的代表，具有出众的可读性和稳定感。本来最适合用在小字中，近来也常见于大字中。

秀英角黑体银 L

ジョバンニは何べんも眼を拭いながら活字をだんだんひろいました。六時がうってしばらくたったころ、ジョバンニは拾った活字をいっぱいに入れた平

该字体的特征是假名较小，用在正文中易于阅读，而且在竖版中更能发挥其优势。该字体在传统风格的运用上恰到好处。

秀英角黑体金 M

ジョバンニは何べんも眼を拭いながら活字をだんだんひろいました。六時がうってしばらくたったころ、ジョバンニは拾った活字をいっぱいに入れた平

该字体是与秀英宋体相称的正统黑体。舒展的汉字和优雅的假名是该字体的特征。

筑紫旧黑体 B

ジョバンニは何べんも眼を拭いながら活字をだんだんひろいました。六時がうってしばらくたったころ、ジョバンニは拾った活字をいっぱいに入れた平

该字体的广告词为『本字体在金属活字时期就已存在』。这一具有里程碑意义的字体为设计思想提出了新的基准。

筑紫黑体 R

ジョバンニは何べんも眼を拭いながら活字をだんだんひろいました。六時がうってしばらくたったころ、ジョバンニは拾った活字をいっぱいに入れた平

该字体是随着字体家族成员的增加，逐渐固定下来的字体。这一新字体具有独特的均衡性。

每日新闻黑体 L

ジョバンニは何べんも眼を拭いながら活字をだんだんひろいました。六時がうってしばらくたったころ、ジョバンニは拾った活字をいっぱいに入れた平

该字体的扁平字形非常适合报纸印刷使用，稍微花点儿心思就能用得别出心裁。

岩田细黑体旧

ジョバンニは何べんも眼を拭いながら活字をだんだんひろいました。六時がうってしばらくたったころ、ジョバンニは拾った活字をいっぱいに入れた平

该字体略显粗俗，但会因排版使用方法变得美观，从最细到最粗共有 6 种。

小塚黑体 R

ジョバンニは何べんも眼を拭いながら活字をだんだんひろいました。六時がうってしばらくたったころ、ジョバンニは拾った活字をいっぱいに入れた平

该字体是附属于 Photoshop 和 illustrator 等 Adobe 公司的产品，通常不经意间就会进入人们的视野。

TB 黑体（标准假名）SL

ジョバンニは何べんも眼を拭いながら活字をだんだんひろいました。六時がうってしばらくたったころ、ジョバンニは拾った活字をいっぱいに入れた平

该字体简洁质朴，非常易于搭配。字体家族的成员丰富，粗细多达 9 种。

圆粗黑体 DB

ジョバンニはなんべんもめをぬぐいながらかつじをだんだんひろいました。ろくじがうってしばらくたったころ、ジョバンニはひろったかつじをいっ

该字体是具有古典风韵的圆黑体。字面娇小柔和也不过于张扬，营造出一种冷静从容的气氛。

新圆黑体 M

ジョバンニは何べんも眼を拭いながら活字をだんだんひろいました。六時がうってしばらくたったころ、ジョバンニは拾った活字をいっぱいに

该字体的特征和新黑体一样，拥有『假想字身』所带来的轮廓。在制作日语 LOGO 时可以参考使用。

新黑体 R

ジョバンニは何べんも眼を拭いながら活字をだんだんひろいました。六時がうってしばらくたったころ、ジョバンニは拾った活字をいっぱいに入れた平

该字体利用了『假想字身』的轮廓，适合用来构成均衡的版面，是深受照相印刷时期的 Gona 黑体影响的现代字体。

小体黑体 W3

ジョバンニは何べんも眼を拭いながら活字をだんだんひろいました。六時がうってしばらくたったころ、ジョバンニは拾った活字をいっぱいに入れた平

该字体字面较小却不失平衡，给人柔和的印象，出于个人喜好也会用在大字中。

小圆黑体 R

ジョバンニはなんべんもめをぬぐいながらかつじをだんだんひろいました。ろくじがうってしばらくたったころ、ジョバンニはひろったかつじ

可爱的假名字形妙不可言。作为 2010 年新上市的字体，却有种似曾相识的感觉。该字体在适当的情况下可灵活使用。

纯 201

ジョバンニは何べんも眼を拭いながら活字をだんだんひろいました。六時がうってしばらくたったころ、ジョバンニは拾った活字をいっぱいに

该字体是森泽开发于照相印刷时代（20 世纪 70 年代）的圆黑体。昭和年间的古韵虽可爱至极，但很难在当代派上用场。

柊野圆黑体 W4

ジョバンニは何べんも眼を拭いながら活字をだんだんひろいました。六時がうってしばらくたったころ、ジョバンニは拾った活字をいっぱいに

与柊野黑体相比该圆黑体别有一番风味，它的笔画之间形成的内部空间与新黑体、纯黑体比起来略窄。

筑紫 A 圆黑体 E

ジョバンニは何べんも眼を拭いながら活字をだんだんひろいました。六時がうってしばらくたったころ、ジョバンニは拾った活字をいっぱいに

圆润的汉字设计是该字体的特征，假名则是相当中立的造型。具有传统风格特征的 B 字体也是如此。

总 结

- 从小小的文字个体到充满文字的版面，即使所有文字都选用同一字号，看起来也可能大小不一，给人不一样的印象，所以请仔细观察后做出最佳选择。

5 西文字体的选择

与日文字体相比，西文字体的种类更加繁多。让我们先了解它们的大致特征，然后根据文字内容来灵活运用。

衬线字体

■衬线（serif）是指在字母笔画开始、结束地方的额外装饰，别名“小胡子”。衬线字体的特征是字形具有张弛的变化，笔画的粗细会有所不同。下面我先向大家介绍 4 种美观的正文字体。如果没有特别的目的，从这 4 种中选择一种作为西文正文的字体是不会错的。它们分别是具有书法般张弛变化的意大利字体 Bodoni、法国传统字体 Garamond、为报纸开发的英国字体 Times 和为杂志创作的美国字体 Century。

Bodoni

At 30 a man suspects himself a fool; know it at 40, and reforms his plan; At 50 chides his infamous delay, Pushes his purpose to resolve; In all the magnanimity of thought

Garamond

At 30 a man suspects himself a fool; know it at 40, and reforms his plan; At 50 chides his infamous delay, Pushes his purpose to resolve; In all the magnanimity of thought Resolves; and

Times

At 30 a man suspects himself a fool; know it at 40, and reforms his plan; At 50 chides his infamous delay, Pushes his purpose to resolve; In all the magnanimity of thought Resolves;

Century

At 30 a man suspects himself a fool; know it at 40, and reforms his plan; At 50 chides his infamous delay, Pushes his purpose to resolve; In all the magnanimity of thought

无衬线字体

■顾名思义，无衬线字体（sans-serif）没有“衬线”的额外装饰，通常给人简洁质朴、富有现代感的印象。由于字形简单，易于从远处辨别，无衬线字体常被用在户外广告牌等对象上。其中，Helvetica 适用面广、力度强，在全世界被广泛使用。Futura 给人圆润亲切的印象。Univers 和 Trade Gothic 也是常用的正文字体。

Helvetica

At 30 a man suspects himself a fool; know it at 40, and reforms his plan; At 50 chides his infamous delay, Pushes his purpose to resolve; In all the magnanimity of thought

Futura

At 30 a man suspects himself a fool; know it at 40, and reforms his plan; At 50 chides his infamous delay, Pushes his purpose to resolve; In all the magnanimity

Univers

At 30 a man suspects himself a fool; know it at 40, and reforms his plan; At 50 chides his infamous delay, Pushes his purpose to resolve; In all the

Trade Gothic

At 30 a man suspects himself a fool; know it at 40, and reforms his plan; At 50 chides his infamous delay, Pushes his purpose to resolve; In all the magnanimity of thought

字体家族

■当我们想要加粗字体来强调内容时，如果加粗所有线条会怎样呢？文字会变形走样。类似的操作还有设置倾斜、加宽和紧缩等，此时都可以不通过软件来修改，因为本来就有现成的字体。斜体可以用 Italic（或者 Oblique），加宽可以用 Wide（或者 Extended），紧缩可以用 Condensed。由于这些字体不经修饰就很美观，因而读者在阅读文章时不会觉得别扭。与 Italic 类似的字体还有 Script，它是从手写体转换过来的字体，可用于大段相同格式的文章。使用软件把文字变细长或倾斜时会破坏文字的平衡，所以对于有其他家族成员的字体而言，我们不要使用软件来操作，而是直接使用家族字体。

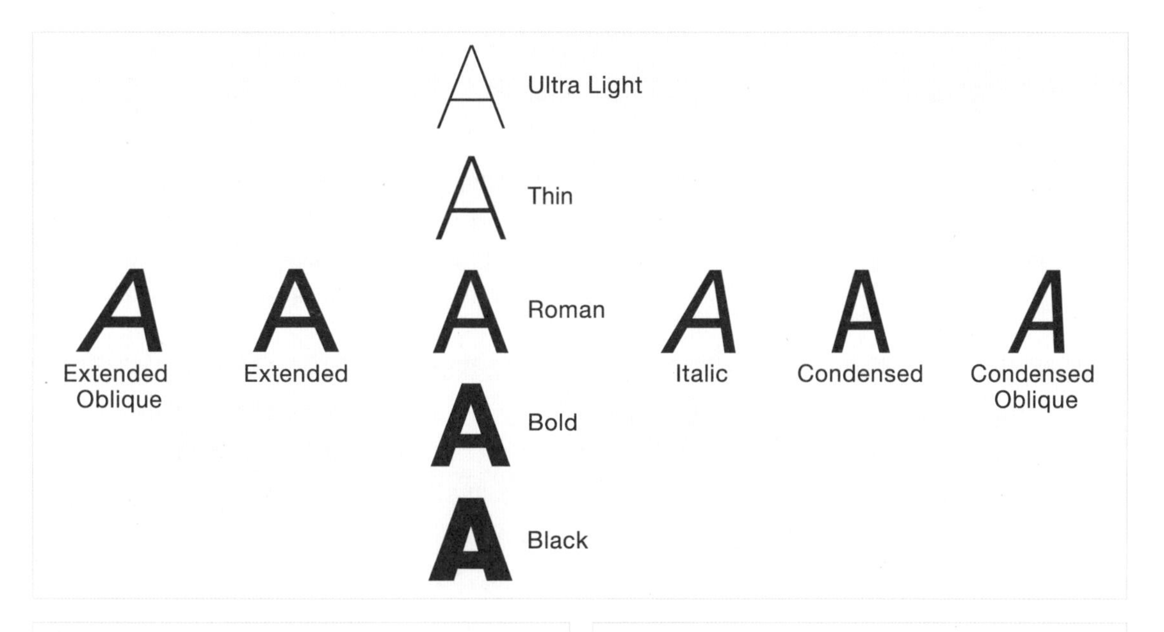

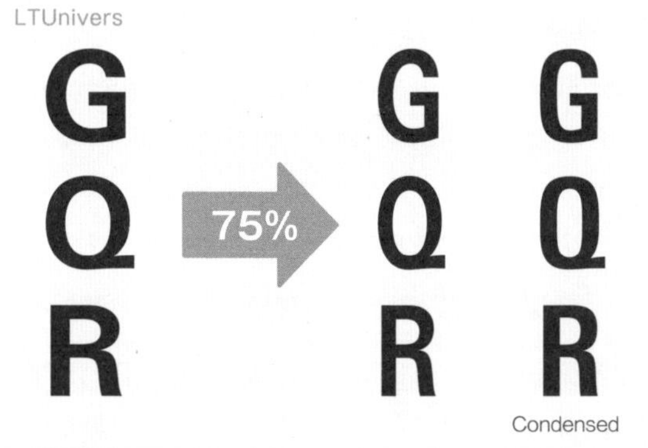

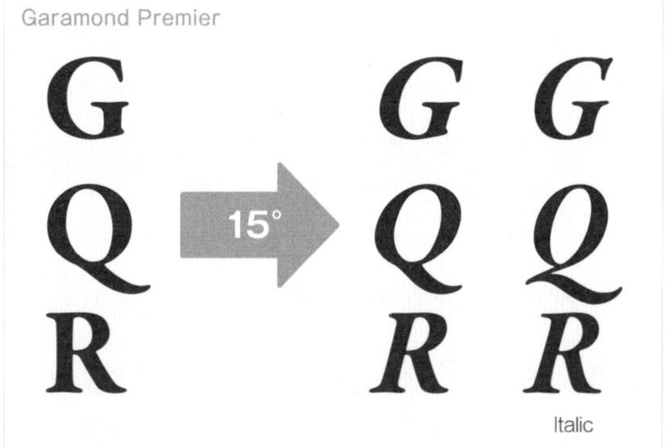

总 结

■ 正文使用的西文字体分为衬线字体和无衬线字体。我们要先了解它们各自的特征，再选择合适的字体。

■ 在选择正文使用的西文字体时，让我们围绕本次介绍的几种字体，尽量从中选择正统的字体。

6 各种各样的西文字体

上一节我向大家介绍了正文中使用的传统的西文字体。在此，我想推荐一下比正文更具设计感的字体，我会从此前使用过的字体中选取效果显著的字体来进行讲解。

衬线字体

■横竖笔画的对比越强烈就越会增加字体的锋利程度，反之则给人柔和的印象，这种字体的本质非常简单。无论如何，与其追求数量，不如让我们好好使用这几种字体。

Baskerville

At 30 a man suspects himself a fool; know it at 40, and reforms his plan; At 50 chides his infamous delay, Pushes his purpose to resolve; In all the magnanimity of thought Resolves; and re-resolves then dies; the same.

Didot

At 30 a man suspects himself a fool; know it at 40, and reforms his plan; At 50 chides his infamous delay, Pushes his purpose to resolve; In all the magnanimity of thought Resolves; and re-resolves then dies; the

Adobe Caslon Pro

At 30 a man suspects himself a fool; know it at 40, and reforms his plan; At 50 chides his infamous delay, Pushes his purpose to resolve; In all the magnanimity of thought Resolves; and re-resolves then dies; the same.

Trajan

AT 30 A MAN SUSPECTS HIMSELF A FOOL; KNOW IT AT 40, AND REFORMS HIS PLAN; AT 50 CHIDES HIS INFAMOUS DELAY, PUSHES HIS PURPOSE TO RESOLVE; IN ALL THE MAGNANIMITY

Sabon Next

At 30 a man suspects himself a fool; know it at 40, and reforms his plan; At 50 chides his infamous delay, Pushes his purpose to resolve; In all the magnanimity of thought Resolves; and re-resolves then dies; the same.

ITC Galliard

At 30 a man suspects himself a fool; know it at 40, and reforms his plan; At 50 chides his infamous delay, Pushes his purpose to resolve; In all the magnanimity of thought Resolves; and re-resolves then dies; the same.

Georgia

At 30 a man suspects himself a fool; know it at 40, and reforms his plan; At 50 chides his infamous delay, Pushes his purpose to resolve; In all the magnanimity of thought Resolves; and re-resolves then dies; the

Newslab

At 30 a man suspects himself a fool; know it at 40, and reforms his plan; At 50 chides his infamous delay, Pushes his purpose to resolve; In all the magnanimity of thought Resolves; and re-resolves then dies; the

无衬线字体

■与衬线字体一样，无衬线字体的本质也非常简单。我们在施展拳脚之前，首先要找到可以派上用场的字体，这是创作出漂亮的英文版式的捷径。

DIN

At 30 a man suspects himself a fool; know it at 40, and reforms his plan; At 50 chides his infamous delay, Pushes his purpose to resolve; In all the magnanimity of thought Resolves; and re-resolves then dies; the

Gill Sans

At 30 a man suspects himself a fool; know it at 40, and reforms his plan; At 50 chides his infamous delay, Pushes his purpose to resolve; In all the magnanimity of thought Resolves; and re-resolves then dies; the same.

Frutiger

At 30 a man suspects himself a fool; know it at 40, and reforms his plan; At 50 chides his infamous delay, Pushes his purpose to resolve; In all the magnanimity of thought Resolves; and re-resolves then dies; the

Alternate Gothic

At 30 a man suspects himself a fool; know it at 40, and reforms his plan; At 50 chides his infamous delay, Pushes his purpose to resolve; In all the magnanimity of thought Resolves; and re-resolves then dies; the same.At 30 a man suspects himself a fool; know it at 40, and reforms his plan; At 50 chides his

Akkurat

At 30 a man suspects himself a fool; know it at 40, and reforms his plan; At 50 chides his infamous delay, Pushes his purpose to resolve; In all the magnanimity of thought Resolves; and re-resolves then dies; the

Arial

At 30 a man suspects himself a fool; know it at 40, and reforms his plan; At 50 chides his infamous delay, Pushes his purpose to resolve; In all the magnanimity of thought Resolves; and re-resolves then dies; the

Bariol

At 30 a man suspects himself a fool; know it at 40, and reforms his plan; At 50 chides his infamous delay, Pushes his purpose to resolve; In all the magnanimity of thought Resolves; and re-resolves then dies; the same.

Optima

At 30 a man suspects himself a fool; know it at 40, and reforms his plan; At 50 chides his infamous delay, Pushes his purpose to resolve; In all the magnanimity of thought Resolves; and re-resolves then dies; the same.

Gotham Rounded

At 30 a man suspects himself a fool; know it at 40, and reforms his plan; At 50 chides his infamous delay, Pushes his purpose to resolve; In all the magnanimity of thought Resolves; and

Myriad Pro

At 30 a man suspects himself a fool; know it at 40, and reforms his plan; At 50 chides his infamous delay, Pushes his purpose to resolve; In all the magnanimity of thought Resolves; and re-resolves then dies; the same.At 30 a

设计字体

■下面我们来看看除了衬线字体和无衬线字体以外还有哪些西文字体。打字机风格、手写风格和展览风格等源远流长，而在 DTP 普及后涌现出更多新的字体。与日文不同，西文字体需要设计的文字数较少，所以在使用西文字母的国家各种新的字体层出不穷。自 20 世纪 90 年代以来，日本也上市了很多免费的字体，然而大浪淘沙，沿用至今的字体并不多。所以说，文字要被使用才有意义。

Copperplate

AT 30 A MAN SUSPECTS HIMSELF A FOOL; KNOW IT AT 40, AND REFORMS HIS PLAN; AT 50 CHIDES HIS INFAMOUS DELAY, PUSHES HIS PURPOSE TO RESOLVE; IN ALL THE MAGNANIMITY OF THOUGHT RESOLVES; AND RE-RESOLVES THEN DIES; THE SAME.

American Typewriter

At 30 a man suspects himself a fool; know it at 40, and reforms his plan; At 50 chides his infamous delay, Pushes his purpose to resolve; In all the magnanimity of thought Resolves; and re-resolves then dies; the same.At 30 a man suspects himself a fool; know it at

Optima

At 30 a man suspects himself a fool; know it at 40, and reforms his plan; At 50 chides his infamous delay, Pushes his purpose to resolve; In all the magnanimity of thought Resolves; and re-resolves then dies; the same. At 30 a man suspects himself a fool; know it at 40, and reforms his plan; At 50 chides his

Silom

At 30 a man suspects himself a fool; know it at 40, and reforms his plan; At 50 chides his infamous delay, Pushes his purpose to resolve; In all the magnanimity of thought Resolves; and re-resolves then dies; the same.At 30 a man suspects

Snell Roundhand

At 30 a man suspects himself a fool; know it at 40, and reforms his plan; At 50 chides his infamous delay, Pushes his purpose to resolve; In all the magnanimity of thought Resolves; and re-resolves then dies; the same.

Edwardian Script ITC

At 30 a man suspects himself a fool; know it at 40, and reforms his plan; At 50 chides his infamous delay, Pushes his purpose to resolve; In all the magnanimity of thought Resolves; and re-resolves then dies; the same.

总 结

■ 观察各种字体，才能在使用过程中逐渐得心应手。

7 正文文字的大小

学会选择字体之后，让我们来培养对正文文字大小的感觉。了解文字大小的单位及其特征后，你感觉用多大的字来排版会易于阅读呢？

点数和级数

■表示文字大小的单位有点数、级数和毫米等。级数的单位用 Q 来表示，它是 Quarter 的首字母，1 Q=0.25 mm。用来指定字距和行距的单位是 H（Ha），1 H=0.25 mm。点数是基于欧美活字印刷的单位，进入 DTP 时期后，欧美的标准略有差异，而现在日本一般提到点数是指 DTP 点数，即 1 点约为 1/72 英寸（0.3527 mm）。

哪个更易于阅读?

■请看下面的例子。假设二者都是单行本小说的正文，你觉得它们易于阅读吗？下图展示的均为书中原尺寸的文字，由此可见，正文字体过大或过小都会给读者带来阅读困难的体验。

グスコーブドリは、イーハトーヴの大きな森のなかに生まれました。おとうさんは、グスコーナドリという名

龙宋体 R
级数 40 Q 行距 60 H

グスコーブドリは、イーハトーヴの大きな森のなかに生まれました。おとうさんは、グスコーナドリという名高い木こりで、どんな大きな木でも、まるで赤ん坊を寝かしつけるようにわけなく切ってしまう人でした。

ブドリにはネリという妹があって、二人は毎日森で遊びました。ごしっごしっとおとうさんの木を挽く音が、やっと聞こえるくらいな遠くへも行きました。二人はそこで木いちごの実をとってわき水につけたり、空を向いてかわるがわる山鳩の鳴くまねをしたりしました。するとあちらでもこちらでも、ぽう、ぽう、と鳥が眠そうに鳴き出すのでした。

おかあさんが、家の前の小さな畑に麦を播いているときは、二人はみちにむしろをしいてすわって、ブリキかんで蘭の花を煮たりしました。するとこんどは、もういろいろの鳥が、二人のぱさぱさした頭の上を、まるで挨拶するように鳴きながらざあざあざあざあ通りすぎるのでした。

ブドリが学校へ行くようになりますと、森はひるの間たいへんさびしくなりました。そのかわりひるすぎには、ブドリはネリといっしょに、森じゅうの木の幹に、赤い粘土や消し炭で、木の名を書いてあるいたり、高く歌ったりしました。

ホップのつるが、両方からのびて、門のようになっている白樺の木には、

「カッコウドリ、トオルベカラズ」と書いたりもしました。

そして、ブドリは十になり、ネリは七つになりました。ところがどういうわけですか、その年は、お日さまが春から変に白くて、いつもなら雪がとけるとまもなく、まっしろな花をつけるこぶしの木もまるで咲かず、五月になってもたびたび霙がぐしゃぐしゃ降り、七月の末になってもいっこうに暑さが来ないために、去年播いた麦も粒の入らない白い穂しかできず、たいていの果物も、花が咲いただけで落ちてしまったのでした。

そしてとうとう秋になりましたが、やっぱり栗の木は青いからのいがばかりでしたし、みんなでふだんたべるいちばんたいせつなオリザという穀物も、一つぶもできませんでした。野原ではもうひどいさわぎになってしまいました。

ブドリのおとうさんもおかあさんも、たびたび薪を野原のほうへ持って行ったり、冬になってからは何べんも大きな木を町へそりで運んだりしたのでしたが、いつもがっかりしたようにして、わずかの麦の粉などもって帰ってくるのでした。それでもどうにかそ

龙宋体 R
级数 7 Q 行距 14 H

标准的文字大小

■我们应该如何设置正文的文字大小呢？虽然业内并没有明确的规范，但是不同媒体都有各自约定俗成的平均标准。一般来说，日本单行本书籍正文的文字大小基本上为 13 Q，文库本约为 12 Q，杂志、商品目录、小册子等约为 11 ~ 13 Q。正文的字号还会根据成品的大小、行距和字距等因素做出相应的调整，但是如果没有其他特殊的要求，以上面的标准来设置正文的字号，成品会比较易于阅读。

单行本（13 Q）

　グスコーブドリは、イーハトーヴの大きな森
のなかに生まれました。おとうさんは、グス
コーナドリという名高い木こりで、どんな大き
な木でも、まるで赤ん坊を寝かしつけるように
わけなく切ってしまう人でした。
　ブドリにはネリという妹があって、二人は毎
日森で遊びました。ごしっごしっとおとうさん
の木を挽く音が、やっと聞こえるくらいな遠く
へも行きました。二人はそこで木いちごの実を
とってわき水につけたり、空を向いてかわるが
わる山鳩の鳴くまねをしたりしました。すると
あちらでもこちらでも、ぽう、ぽう、と鳥が眠

龙宋体 R
级数 13 Q 行距 23 H

文库本（12 Q）

　グスコーブドリは、イーハトーヴの大きな森のな
かに生まれました。おとうさんは、グスコーナドリ
という名高い木こりで、どんな大きな木でも、まる
で赤ん坊を寝かしつけるようにわけなく切ってしま
う人でした。
　ブドリにはネリという妹があって、二人は毎日森
で遊びました。ごしっごしっとおとうさんの木を挽
く音が、やっと聞こえるくらいな遠くへも行きまし
た。二人はそこで木いちごの実をとってわき水につ
けたり、空を向いてかわるがわる山鳩の鳴くまねを
したりしました。するとあちらでもこちらでも、ぽ
う、ぽう、と鳥が眠そうに鳴き出すのでした。
　おかあさんが、家の前の小さな畑に麦を播いてい

龙宋体 R
级数 12 Q 行距 21 H

杂志、商品目录、小册子（13 Q）

　本誌表紙にビーズ印刷をするため
に、まずは二種類の絵柄にビーズ印
刷を施すとどうなるのか、というテ
ストからスタート。
　オフセット印刷でCMYK印刷
した上からビーズ印刷をしてみた
が、元の色よりビーズ印刷加工後の
方が、かなり暗く見えることがわ
かった。これはビーズによって影が
できること、ビーズは完璧な透明で
はないので、その影響もあるだろう。
　そこで、きれいなビーズ印刷を実

印刷は、
い、かつ
一つは、
と、その
暗く見え
色に。こ
ターの布
イラスト
に突入。
ら、山忠
してもら
表紙、ぜ

黑体 MB101 R
级数 13 Q 行距 23 H

杂志、商品目录、小册子（11 Q）

　本誌表紙にビーズ印刷をするため
に、まずは二種類の絵柄にビーズ印
刷を施すとどうなるのか、というテ
ストからスタート。
　オフセット印刷でCMYK印刷
した上からビーズ印刷をしてみた
が、元の色よりビーズ印刷加工後の
方が、かなり暗く見えることがわ
かった。これはビーズによって影が
できること、ビーズは完璧な透明で
はないので、その影響もあるだろう。
　そこで、きれいなビーズ印刷を実
現するために、二つの方針を固めた。
一つはビーズ印刷の下のオフセット

印刷は、なるべ
い、かつ蛍光色
一つは、ビーズ
と、そのせいで
暗く見えてしま
色に。この方針
ターの布川愛子
イラストを描い
に突入。そのオ
ら、山忠紙芸に
してもらった。
表紙、ぜひもう
ださい。

黑体 MB101 R
级数 11 Q 行距 20 H

字号相同字体不同会产生不同的印象

■我在上一页详细介绍了正文文字大小的平均值，其实，不同的字体即使字号相同，看起来也不一样大。例如，请看下面大小同为 11 Q 的中黑体 BBB 和新黑体。乍一看，二者差异明显，不像是相同的字号。但它们的字号确实是一样的，从每行排相同的字数就能看出来。再对比下方的柊野角黑体和岩田中黑体，二者的文字看起来也不一样大。在设置字号时，请不要拘泥于“11 Q”，而要时刻谨记一切都是为了方便读者阅读这一宗旨。

中黑体 BBB（11 Q）

本誌表紙にビーズ印刷をするた
めに、まずは二種類の絵柄にビー
ズ印刷を施すとどうなるのか、と
いうテストからスタート。
　オフセット印刷でＣＭＹＫ印刷
した上からビーズ印刷をしてみた
が、元の色よりビーズ印刷加工後
の方が、かなり暗く見えることが
わかった。これはビーズによって
影ができること、ビーズは完璧な
透明ではないので、その影響もあ
るだろう。
　そこで、きれいなビーズ印刷を
実現するために、二つの方針を固

めた。一つはビーズ印
フセット印刷は、なる
ルな色を使い、かつ蛍
て刷る。もう一つは、
の周りが白いと、その
いビーズ印刷が暗く見
ので、周りは濃い色に
の元、イラストレータ
子さんにすてきな鳥の
描いてもらい、本番印
そのオフセット印刷の
忠紙芸にてビーズ印刷
もらった。こうしてで
紙、ぜひもう一度じっ

新黑体（11 Q）

本誌表紙にビーズ印刷をするた
めに、まずは二種類の絵柄にビー
ズ印刷を施すとどうなるのか、と
いうテストからスタート。
　オフセット印刷でＣＭＹＫ印刷
した上からビーズ印刷をしてみた
が、元の色よりビーズ印刷加工後
の方が、かなり暗く見えることが
わかった。これはビーズによって
影ができること、ビーズは完璧な
透明ではないので、その影響もあ
るだろう。
　そこで、きれいなビーズ印刷を
実現するために、二つの方針を固

めた。一つはビーズ印
フセット印刷は、なる
ルな色を使い、かつ蛍
て刷る。もう一つは、
の周りが白いと、その
いビーズ印刷が暗く見
ので、周りは濃い色に
の元、イラストレータ
子さんにすてきな鳥の
描いてもらい、本番印
そのオフセット印刷の
忠紙芸にてビーズ印刷
もらった。こうしてで
紙、ぜひもう一度じっ

柊野角黑体（11 Q）

本誌表紙にビーズ印刷をするた
めに、まずは二種類の絵柄にビー
ズ印刷を施すとどうなるのか、と
いうテストからスタート。
　オフセット印刷でＣＭＹＫ印刷
した上からビーズ印刷をしてみた
が、元の色よりビーズ印刷加工後
の方が、かなり暗く見えることが
わかった。これはビーズによって
影ができること、ビーズは完璧な
透明ではないので、その影響もあ
るだろう。
　そこで、きれいなビーズ印刷を
実現するために、二つの方針を固

めた。一つはビーズ印
フセット印刷は、なる
ルな色を使い、かつ蛍
て刷る。もう一つは、
の周りが白いと、その
いビーズ印刷が暗く見
ので、周りは濃い色に
の元、イラストレータ
子さんにすてきな鳥の
描いてもらい、本番印
そのオフセット印刷の
忠紙芸にてビーズ印刷
もらった。こうしてで
紙、ぜひもう一度じっ

岩田中黑体（11 Q）

本誌表紙にビーズ印刷をするた
めに、まずは二種類の絵柄にビー
ズ印刷を施すとどうなるのか、と
いうテストからスタート。
　オフセット印刷でＣＭＹＫ印刷
した上からビーズ印刷をしてみた
が、元の色よりビーズ印刷加工後
の方が、かなり暗く見えることが
わかった。これはビーズによって
影ができること、ビーズは完璧な
透明ではないので、その影響もあ
るだろう。
　そこで、きれいなビーズ印刷を
実現するために、二つの方針を固

めた。一つはビーズ印
フセット印刷は、なる
ルな色を使い、かつ蛍
て刷る。もう一つは、
の周りが白いと、その
いビーズ印刷が暗く見
ので、周りは濃い色に
の元、イラストレータ
子さんにすてきな鳥の
描いてもらい、本番印
そのオフセット印刷の
忠紙芸にてビーズ印刷
もらった。こうしてで
紙、ぜひもう一度じっ

使用平体与长体

■有时也可以改变字体的显示比例。比如通过紧缩文字宽度来拉长字体（长体），以及降低文字高度来压平字体（平体）。若想为杂志的页面添加一些变化，或者文章被限定的编辑区域无法容纳全部文字时，则可根据实际需要进行调整。通过观察下面的例子，我们会发现适度的处理能使文字变得美观，然而一旦调整过度就会造成阅读困难，所以调整时必须把握好分寸。虽然不同种类的字体在处理方式上略有差异，但是一般以 5% ~ 15% 的变化为界限，切忌过度调整。

长体的成功范例（黑体）

グスコーブドリは、イーハトーヴの大きな
のなかに生まれました。おとうさんは、グスコ
ナドリという名高い木こりで、どんな大きな
でも、まるで赤ん坊を寝かしつけるようにわ
なく切ってしまう人でした。
ブドリにはネリという妹があって、二人は
日森で遊びました。ごしっごしっとおとうさ
の木を挽く音が、やっと聞こえるくらいな遠
へも行きました。二人はそこで木いちごの実
とってわき水につけたり、空を向いてかわる
わる山鳩の鳴くまねをしたりしました。する
あちらでもこちらでも、ぼう、ぼう、と鳥が

黑体 MB101 R 级数 13 Q 行距 23 H 长体 90%

平体的成功范例（黑体）

グスコーブドリは、イーハトーヴの大きな森のな
かに生まれました。おとうさんは、グスコーナドリ
という名高い木こりで、どんな大きな木でも、まる
で赤ん坊を寝かしつけるようにわけなく切ってしま
う人でした。
ブドリにはネリという妹があって、二人は毎日森
で遊びました。ごしっごしっとおとうさんの木を挽
く音が、やっと聞こえるくらいな遠くへも行きまし
た。二人はそこで木いちごの実をとってわき水につ
けたり、空を向いてかわるがわる山鳩の鳴くまねを
したりしました。するとあちらでもこちらでも、ぼう、
ぼう、と鳥が眠そうに鳴き出すのでした。

黑体 MB101 R 级数 13 Q 行距 23 H 平体 90%

长体的成功范例（宋体）

グスコーブドリは、イーハトーヴの大きな
のなかに生まれました。おとうさんは、グスコ
ナドリという名高い木こりで、どんな大きな
でも、まるで赤ん坊を寝かしつけるようにわ
なく切ってしまう人でした。
ブドリにはネリという妹があって、二人は
日森で遊びました。ごしっごしっとおとうさ
の木を挽く音が、やっと聞こえるくらいな遠
へも行きました。二人はそこで木いちごの実
とってわき水につけたり、空を向いてかわる
わる山鳩の鳴くまねをしたりしました。する
あちらでもこちらでも、ぼう、ぼう、と鳥が

龙宋体 R 级数 13 Q 行距 23 H 长体 90%

平体的成功范例（宋体）

グスコーブドリは、イーハトーヴの大きな森のな
かに生まれました。おとうさんは、グスコーナドリ
という名高い木こりで、どんな大きな木でも、まる
で赤ん坊を寝かしつけるようにわけなく切ってしま
う人でした。
ブドリにはネリという妹があって、二人は毎日森
で遊びました。ごしっごしっとおとうさんの木を挽
く音が、やっと聞こえるくらいな遠くへも行きまし
た。二人はそこで木いちごの実をとってわき水につ
けたり、空を向いてかわるがわる山鳩の鳴くまねを
したりしました。するとあちらでもこちらでも、ぼ
う、ぼう、と鳥が眠そうに鳴き出すのでした。

龙宋体 R 级数 13 Q 行距 23 H 平体 90%

长体拉长过度导致阅读困难的例子

グスコーブドリは、イーハトーヴの大きな森
に生まれました。おとうさんは、グスコーナド
う名高い木こりで、どんな大きな木でも、まる
坊を寝かしつけるようにわけなく切ってしまう
た。
　ブドリにはネリという妹があって、二人は毎
遊びました。ごしっごしっとおとうさんの木を
が、やっと聞こえるくらいな遠くへも行きまし
人はそこで木いちごの実をとってわき水につ
空を向いてかわるがわる山鳩の鳴くまねをした
した。するとあちらでもこちらでも、ぽう、ぽ
鳥が眠そうに鳴き出すのでした。
　おかあさんが、家の前の小さな畑に麦を播い
ときは、二人はみちにむしろをしいてすわって
キかんで蘭の花を煮たりしました。するとこ
もういろいろの鳥が、二人のぱさぱさした頭

龙宋体 R 级数 13 Q 行距 18 H 长体 60%

长体拉长过度、字距过大而影响阅读的例子

グスコーブドリは、イーハトーヴ
な森のなかに生まれました。おとうさ
グスコーナドリという名高い木こり
んな大きな木でも、まるで赤ん坊を
つけるようにわけなく切ってしまう
た。
　ブドリにはネリという妹があって
は毎日森で遊びました。ごしっごし
とうさんの木を挽く音が、やっと聞
くらいな遠くへも行きました。二人
で木いちごの実をとってわき水につ
空を向いてかわるがわる山鳩の鳴く
したりしました。するとあちらでも
でも、ぽう、ぽう、と鳥が眠そうに
すのでした。
おかあさんが、家の前の小さな畑

龙宋体 R 级数 13 Q 行距 18 H 长体 60%

平体压平过度导致阅读困难的例子

グスコーブドリは、イーハトーヴの大きな森のなかに生まれました。おと
スコーナドリという名高い木こりで、どんな大きな木でも、まるで赤ん坊を
ようにわけなく切ってしまう人でした。
　ブドリにはネリという妹があって、二人は毎日森で遊びました。ごしっご
さんの木を挽く音が、やっと聞こえるくらいな遠くへも行きました。二人は
ごの実をとってわき水につけたり、空を向いてかわるがわる山鳩の鳴くまね
した。するとあちらでもこちらでも、ぽう、ぽう、と鳥が眠そうに鳴き出すの
　おかあさんが、家の前の小さな畑に麦を播いているときは、二人はみちに
てすわって、ブリキかんで蘭の花を煮たりしました。するとこんどは、もういろ
二人のぱさぱさした頭の上を、まるで挨拶するように鳴きながらざあざあざ
ぎるのでした。
　ブドリが学校へ行くようになりますと、森はひるの間たいへんさびしくな
のかわりひるすぎには、ブドリはネリといっしょに、森じゅうの木の幹に、
し炭で、木の名を書いてあるいたり、高く歌ったりしました。
　ホップのつるが、両方からのびて、門のようになっている白樺の木には、
「カッコウドリ、トオルベカラズ」と書いたりもしました。

龙宋体 R 级数 13 Q 行距 18 H 平体 60%

平体压平过度、字距过大而影响阅读的例子

グスコーブドリは、イーハトーヴの大きな森のなかに生まれ
とうさんは、グスコーナドリという名高い木こりで、どんな大き
まるで赤ん坊を寝かしつけるようにわけなく切ってしまう人で
　ブドリにはネリという妹があって、二人は毎日森で遊びまし
ごしっとおとうさんの木を挽く音が、やっと聞こえるくらいな
きました。二人はそこで木いちごの実をとってわき水につけた
いてかわるがわる山鳩の鳴くまねをしたりしました。するとあ
ちらでも、ぽう、ぽう、と鳥が眠そうに鳴き出すのでした。
　おかあさんが、家の前の小さな畑に麦を播いているときは、
にむしろをしいてすわって、ブリキかんで蘭の花を煮たりしま
とこんどは、もういろいろの鳥が、二人のぱさぱさした頭の上
挨拶するように鳴きながらざあざあざあざあ通りすぎるので
　ブドリが学校へ行くようになりますと、森はひるの間たいへ
なりました。そのかわりひるすぎには、ブドリはネリといっし
うの木の幹に、赤い粘土や消し炭で、木の名を書いてあるいた
こりしました。

龙宋体 R 级数 13 Q 行距 18 H 平体 60%

总结

- ■ 请根据使用目的决定文字的大小。
- ■ 请注意不同的字体即使字号相同却大小各异。
- ■ 请记住各媒体常用的字号标准。

8 行距与行长

行与行的间隔叫作“行距”，一行文字的长度叫作“行长”。除字体和字号以外，这两个属性也会使正文的印象截然不同。我们要熟练掌握如何设置行距与行长，使正文看起来赏心悦目。

竖排还是横排？

■请观察右侧的版面。由于行与行之间没有空隙，读者难以分辨这是竖排还是横排，自然提不起阅读的兴趣。一般来说，最合适的行距约为正文字号的 1.5 ~ 2 倍。例如，13 Q 的正文，行距可在 19.5 ~ 26 H 的范围内进行选择，具体数值根据行长进行调整。

おとうさんは、グスコーナドリとい
う名高い木こりで、どんな大きな木
でも、まるで赤ん坊を寝かしつける
ようにわけなく切ってしまう人でし
た。ブドリにはネリという妹があっ
て、二人は毎日森で遊びました。ご
しっごしっとおとうさんの木を挽く
音が、やっと聞こえるくらいな遠く

行距与行间距

■行与行的间隔可以用“行距”或“行间距”来设置，二者有什么区别呢？行距指的是两行文字中心线之间的距离，而行间距指的是一行的底部与下一行的顶部之间的距离。右侧 13 Q 正文的行间距为 6.5 H，行距则为 19.5 H。行距和行间距的单位都用 H 表示，1 H = 0.25 mm。

行间距
19.5 H
あいうえおかき
6.5 H
くけこさしすせ
そたちつてとな
13 Q
行距

グスコーブドリは、イーハ
トーヴの大きな森のなかに
生まれました。おとうさん
は、グスコーナドリという
名高い木こりで、どんな大
きな木でも、まるで赤ん坊

级数 13 Q 行距 17 H
对于文字大小而言，行距太窄，不便阅读。

グスコーブドリは、イーハ
トーヴの大きな森のなかに
生まれました。おとうさん
は、グスコーナドリという
名高い木こりで、どんな大

级数 13 Q 行距 19.5 H
行距为文字大小的 1.5 倍，结合这样的行长易于阅读。

グスコーブドリは、イーハ
トーヴの大きな森のなかに
生まれました。おとうさん
は、グスコーナドリという

级数 13 Q 行距 26 H
行距为文字大小的 2 倍，阅读起来相当舒畅。

グスコーブドリは、
イーハトーヴの大きな
森のなかに生まれまし
た。おとうさんは、グ
スコーナドリという名
高い木こりで、どんな
大きな木でも、まるで
赤ん坊を寝かしつける
ようにわけなく切って

级数 13 Q 行距 17 H
在竖排中行距依然太窄，不便阅读。

グスコーブドリは、
イーハトーヴの大きな
森のなかに生まれまし
た。おとうさんは、グ
スコーナドリという名
高い木こりで、どんな
大きな木でも、まるで

级数 13 Q 行距 19.5 H
行距为文字大小的 1.5 倍，结合这样的行长易于阅读。

グスコーブドリは、
イーハトーヴの大きな
森のなかに生まれまし
た。おとうさんは、グ
スコーナドリという名
高い木こりで、どんな

级数 13 Q 行距 26 H
行距为文字大小的 2 倍，阅读起来相当舒畅。

行距与行长的关系

■最合适的行距要根据行长进行调整，它们的关系密不可分。在下面的三张图中，第一张和第二张的行距相同，但第二张图的行长是第一张图的4倍，读起来是不是有些困难？只要稍微加大行距，看起来就舒服多了（第三张图）。如果行长很长，那么行距也最好随之调大一点儿。大家可以多观察观察你喜欢的杂志和其他书籍中的行距与行长。

グスコーブドリは、イーハ
トーヴの大きな森のなか
に生まれました。おとうさ
んは、グスコーナドリとい
う名高い木こりで、どん
な大きな木でも、まるで
赤ん坊を寝かしつけるよ
うにわけなく切ってしま
う人でした。ブドリには
ネリという妹があって、二

龙宋体 R 级数 12 Q 行距 18 H
行长约为简短的 12 个字，结合这样的行距可以正常阅读。

グスコーブドリは、イーハトーヴの大きな森のなかに生まれました。おとうさんは、グスコーナドリという名高
い木こりで、どんな大きな木でも、まるで赤ん坊を寝かしつけるようにわけなく切ってしまう人でした。ブド
リにはネリという妹があって、二人は毎日森で遊びました。ごしっごしっとおとうさんの木を挽く音が、やっ
と聞こえるくらいな遠くへも行きました。二人はそこで木いちごの実をとってわき水につけたり、空を向いて
かわるがわる山鳩の鳴くまねをしたりしました。するとあちらでもこちらでも、ぽう、ぽう、と鳥が眠そうに鳴

龙宋体 R 级数 12 Q 行距 18 H
行长加到 50 个字左右后，依然采用和上面一样的行距就不便阅读了。

グスコーブドリは、イーハトーヴの大きな森のなかに生まれました。おとうさんは、グスコーナドリという名高
い木こりで、どんな大きな木でも、まるで赤ん坊を寝かしつけるようにわけなく切ってしまう人でした。ブド
リにはネリという妹があって、二人は毎日森で遊びました。ごしっごしっとおとうさんの木を挽く音が、やっ
と聞こえるくらいな遠くへも行きました。二人はそこで木いちごの実をとってわき水につけたり、空を向いて
かわるがわる山鳩の鳴くまねをしたりしました。するとあちらでもこちらでも、ぽう、ぽう、と鳥が眠そうに鳴
き出すのでした。おかあさんが、家の前の小さな畑に麦を播いているときは、二人はみちにむしろをしいてすわっ
て、ブリキかんで蘭の花を煮たりしました。するとこんどは、もういろいろの鳥が、二人のぱさぱさした頭の上

龙宋体 R 级数 12 Q 行距 24 H
文字大小、行长与上面相同，而当行距扩大到 24 H 时，读起来就轻松多了。

总 结

- ■ 行距需要控制在文字大小的 1.5 ~ 2 倍左右。
- ■ 行长越长、行距越大会便于阅读。
- ■ 行距要结合行长来调整。

9 分栏的技巧

为了便于读者阅读页面中的大段正文，有时要用“分栏”的方式把正文划分成若干个较小的面，把文字放在其中。

栏数

■在一页中布置篇幅较长的文章时，为了方便阅读，有时需要将页面分割成若干个“栏”来排列文字，这种处理方式在版式设计中叫作“分栏”。请看下面的例子，大家应该发现了栏数不同会使文章看起来略有差异。我们要根据版面的大小和文章的性质来调整栏数。分栏的原则是首先必须确保每栏的行长相同。

いかにも特殊印刷・特殊加工をやってます、という派手な出で立ちではない。だけど、パラパラと誌面を捲っていると「おっ」と思わせられる。スープ・デザイン尾原史和さんが手掛ける印刷物は、ニクイあしらいがところどころに施されている。もともと印刷会社に勤めていた経験を持つ尾原さんだけに、その裏でのやりとりは、相当な印刷知識を持って印刷会社に細かい指定をしているのだろう、とお話を伺ってみると、意外な答えが返ってきた。

「加工会社までこちらから指定するような、細かい指定をすることはほとんどありません。印刷・加工・製本で特殊なことをしたい場合は、まず、印刷会社の営業の方に仕上がりのイメージを共有してもらうこと、それが一番大切です」

印刷会社は、決まったところに相談をすることが多いのだという。どんなに複雑な仕様でも、まず相談をするのが大陽印刷工業。あとは、日経印刷と日本写真印刷。少し面倒くさい仕様でも一緒に面白がれる、新しい可能性を一緒に追求できる、そんな人が尾原さんの同志となる。

「必然的に付き合いの長い印刷会社の方との仕事が多くなります。仕上がりのイメージも共有しやすいし。こちらも面倒くさい工程だとわかっていて頼むわけだから、どうしてその加工をやりたいのかという意図を伝えて、お互いの知恵を出し合って方法を探っていきます」

たとえば、デザインタイドのエキシビション「Mark-ing」でつくられた冊子は、日本とイギリスの二つの国から八名ずつのデザイナーが選ばれた企画展のためにつくられた。ゆえに、二つの国のエッセンスをデザインや製本に活かしている。判型は、縦B判で、横はイギリスのレターサイズ。両A面で、中央で日本とイギリスが融合するような誌面構成になっている。中綴じの中央のページを開いてみると、何か違う。ステッチ（針金）の数が多い。そして、金銀交互に留められているのだ。

「印刷会社への頼み方としては、できるだけステッチを打ちたいと相談をしました。ステッチって端っこには打てないし、ピッチにも制約がある。こちらも予算がふんだんにあるわけじゃないので、工程そのものを見直したり、新しい機械をつくったりするのは無理。それはわかっていたから、一番工程に無駄がなく、効果が出せる方法を考えていきました」

依頼した製本所では、一回の工程で、一種類のステッチを二本ずつ二箇所に打つことができる。金銀交互に打ちたい場合は、一回製本の工程を増やせばできることがわかったのだ。結果、さほど予算をかけることなく、金銀交互に八本のステッチを打つというこれまでにない冊子が完成した。

直接、印刷会社の担当者と話ができないケースも多々ある。雑誌や書籍などの場合は、出版社の編集者や制作担当の方が、コミュニケーションをとる相手だ。

「書籍の場合は、どうしても後工程のことや重版時のコスト効率を考えるので、あまり特別なことはできません。だけど、少し考え方を変えるだけで、普通の印刷方法でも変わった効果を出せる」

『だから、僕らはこの働き方を選んだ』では、カバー裏に蛍光黄色を刷って、裏から透けて見える仕様にした。尾原さんがこの本でやりたかったのは「裏から透けさせる」ことと「本の立体感を出す」こと。出版社の編集担当者には、まずその二点のコンセプトを伝えた。透けやすい包装紙の裏に蛍光黄色を刷りPP加工をする。帯は共紙（カバーと同じ紙）を使うが裏に刷る色を少しだけ赤みの強い黄色にした。同じ黄色だけれども、うっすらとツートーンになっており、立体感が強調される。この場合も、単に色を変えたいという要求だけではなく、仕上がりのイメージをきちんと相手に伝えることが、スムーズな進行につながるのだ。

印刷の現場と直接やりとりができない場合、気持ちを伝えるために、印刷データにメッセージを残すこともあるという。

「入稿データにちょっと書き込んでおくんです。自分の想いというほど仰々しいものではなくて、現場の人が何のためにこの加工をやっているのかがわかるように。もちろん、仕様を間違えないようにという意味も込めてますけどね」

左侧的一栏布局通常用于小说等以文字为主的版式设计。由于本例中每行的字数多达65个字，所以这样的设计在纸张尺寸和文字大小上是不协调的。

右侧的两栏布局多用于小说和实用类书籍等单行本，有时杂志和册子的正文也会采用这种形式。

左侧的三栏布局常用于纸张尺寸为A5或B5的杂志和册子的正文中。

右侧的五栏布局常用于纸张尺寸为B5、A4或更大尺寸的杂志和册子的正文中。

多种分栏

■一组双联页中有时会出现几种不同类型的分栏，这样设计有助于读者在同一页中分辨性质不同的文字。组合多种分栏时的要点是确保同一组的内容风格一致，以表示同类文字内容的延续。因为一旦段落的风格发生变化，可能会让读者误以为写的是别的内容，所以请在处理多种分栏时注意这一点。

デザイン誌・デザイン書編集者が選ぶ
ベスト・ブックデザインはこれだ
週刊少年ジャンプの表紙がすごい!
mina perhonen

组合多种分栏的注意事项

■正如上面的例子所示，同一页面中经常会混杂着标题、简介、正文、图片说明等各类文字。此时的设计原则是，正文或图片说明等同一范畴的文字要遵循同一规则。

■比如右图中的⑤是一大段横跨双联页的正文，此时要确保左右两页的格式一致，不能随意改变每行的字数和行距。即使遇到栏中区域无法容纳所有文字的情况，也不能缩小行距。

■同样，⑦的图片说明有三处，但是它们的字体和字号等是一致的。不过，①～⑦分别属于不同范畴的文字，所以各自遵循不同的规则，从而使纸面富于变化。

总 结

■ 处理分栏时要使同类内容遵循同一规则。

10 字间距与字距调整

要想让读者拥有轻松的阅读体验，仅仅把文字排列到页面上是远远不够的，我们还要调整文字之间的间隔，这一处理过程叫作“字距调整”。

看一看

■阅读文章时，节奏至关重要。即使你不喜欢阅读，在排版时也请务必通读一遍内容，然后通过调节字距使其变成易于阅读的文章。我们已经反复强调多次，所谓易于阅读的文章就是令读者在不知不觉中读完的文章，也就是说不能让文字的排列阻碍读者阅读。处理字距的方法有 4 种，它们分别是密排、匀紧排、匀空排、比例紧排，让我们根据实际需要灵活选择吧。

物 語 の 世 界 観 を 、 雰 囲 気 で 表 現 す る 。 女 の 子 は こ の 花 が 咲 き 誇 る 野 原 を 歩 い て 、 い っ た い ど こ に 行 く の だ ろ う か 。

グ ス コ ー ブ ド リ は 、 イ ー ハ ト ー ヴ の 大 き な 森 の な か に 生 ま れ ま し た 。 お と う さ ん は 、 グ ス コ ー ナ ド リ と い う 名 高 い 木 こ り で 、 ど ん な 大 き な 木 で も 、 ま る で 赤 ん 坊 を 寝 か し つ け る よ う に わ け な く 切 っ て し ま う 人 で し た 。

ブ ド リ に は ネ リ と い う 妹 が あ っ て 、 二 人 は 毎 日 森 で 遊 び ま し た 。 ご し っ ご し っ と お と う さ ん の 木 を 挽 く 音 が 、 や っ と 聞 こ え る く ら い な 遠 く へ も 行 き ま し た 。 二 人 は そ こ で 木 い ち ご の 実 を と っ て わ き 水 に つ け た り 、 空 を 向 い て か わ る が わ る 山 鳩 の 鳴 く ま ね を し た り し ま し た 。 す る と あ ち ら で も こ ち ら で も 、 ぽ う 、 ぽ う 、 と 鳥 が 眠 そ う に 鳴 き 出 す の で し た 。 お か あ さ ん が 、 家 の

这是因文字之间的间隔（字间距）过大而导致不便阅读的例子。说得极端一点，甚至可能有人会把这当作竖排的文字来读。

物語の世界観を、雰囲気で表現する。女の子はこの花が咲き誇る野原を歩いて、いったいどこに行くのだろうか。

グスコーブドリは、イーハトーヴの大きな森のなかに生まれました。おとうさんは、グスコーナドリという名高い木こりで、どんな大きな木でも、まるで赤ん坊を寝かしつけるようにわけなく切ってしまう人でした。

ブドリにはネリという妹があって、二人は毎日森で遊びました。ごしっごしっとおとうさんの木を挽く音が、やっと聞こえるくらいな遠くへも行きました。二人はそこで木いちごの実をとってわき水につけたり、空を向いてかわるがわる山鳩の鳴くまねをしたりしました。するとあちらでもこちらでも、ぽう、ぽう、と鳥が眠そうに鳴き出すのでした。おかあさんが、家の前の小さな畑に麦を播いているときは、二人はみちにむしろをしいてすわって、ブリキかんで蘭の花を煮たりしました。

行距和上例相同，但由于字间距调整合理，读起来变得轻松多了。

❶ 密排 ❷ 匀紧排 ❸ 匀空排 ❹ 比例紧排

グスコーブドリは、イーハトーヴの大きな森のなかに生まれました。おとうさんは、グスコーナドリという名高い木こりで、どんな大きな木でも、まるで赤ん坊を寝かしつけるようにわけなく切ってしまう人でした。
ブドリにはネリという妹があって、二人は毎日森で遊びました。ごしっごしっとおとうさんの木を挽く音が、やっと聞こえるくらいな遠くへも行

■密排

密排是文字排版方式之一，这种排列形式的字距（前一个字中心到后一个字中心的距离）数值和文字大小相同，或者字间距（文字与文字之间的距离）为0。大多数软件中字距的默认值通常都是“密排”，在一般的文字排版中也以此为标准。但是，因为文字在设计时做得会比“假想字身”要小一些，所以实际文字的大小和“假想字身”之间会产生空隙。

グスコーブドリは、イーハトーヴの大きな森のなかに生まれました。おとうさんは、グスコーナドリという名高い木こりで、どんな大きな木でも、まるで赤ん坊を寝かしつけるようにわけなく切ってしまう人でした。
ブドリにはネリという妹があって、二人は毎日森で遊びました。ごしっごしっとおとうさんの木を挽く音が、やっと聞こえるくらいな遠くへも行きまし

■匀紧排

在日文排版中，紧缩字距的排列形式叫作“紧排”，其中，所有文字紧缩程度均等的排列形式则为“匀紧排”。例如，文字大小为13Q的正文以12H的字距进行排版的“1H紧排”就是匀紧排。

グスコーブドリは、イーハトーヴの大きな森のなかに生まれました。おとうさんは、グスコーナドリという名高い木こりで、どんな大きな木でも、まるで赤ん坊を寝かしつけるようにわけなく切ってしまう人でした。
ブドリにはネリという妹があって、二人は毎日森で遊びました。ごしっごしっとおとうさんの木を挽く音が、やっと聞こえるくらい

■匀空排

和匀紧排的处理方式类似，所有文字之间均匀拉开距离的排列形式叫作“匀空排”。由于文字之间的空隙较大，所以这种排版方式不适合用在字数较多的正文中。若用在标题和简介等处，则能使文字引人注目，方便阅读。

グスコーブドリは、イーハトーヴの大きな森のなかに生まれました。おとうさんは、グスコーナドリという名高い木こりで、どんな大きな木でも、まるで赤ん坊を寝かしつけるようにわけなく切ってしまう人でした。
ブドリにはネリという妹があって、二人は毎日森で遊びました。ごしっごしっとおとうさんの木を挽く音が、やっと聞こえるくらいな遠くへも行きまし

■比例紧排

这是可以根据各个文字的字幅改变字距的排版方式，也被称为“版面紧排”。西文字体大都是字幅各异的比例字体，排版后会自然形成这种排列形式。

竖排以及长篇文章采用密排

■在阅读小说和文艺杂志等竖排、文字量大的文章时，阅读的节奏非常重要。因此，如果没有特殊要求，则应选择密排。

過ぎた。それに肝心の当人が気に入らなかった。
それで夏休みに当然帰るべきところを、わざと避
けて東京の近くであそんでいたのである。彼は電
報を私に見せて動じようと相談した。私にはどう
していいか分からなかった。けれども実際彼の母
が病気であるとすれば彼は固より帰るべきはずで
あった。それで彼はとうとう帰る事になった。せ
つかく来た私は一人取り残された。
学校の授業が始まるにはまだ大分日数があるの

過ぎた。それに肝心の当人が気に入らなかった。
それで夏休みに当然帰るべきところを、わざと避
けて東京の近くであそんでいたのである。彼は電
報を私に見せて動じようと相談した。私にはどう
していいか分からなかった。けれども実際彼の母
が病気であるとすれば彼は固より帰るべきはずで
あった。それで彼はとうとう帰る事になった。せ
つかく来た私は一人取り残された。
学校の授業が始まるにはまだ大分日数があるの

密排。均匀排列的文字能使阅读保持一定的节奏。在文字的中心画上点就能发现它们排列得整齐划一。

過ぎた。それに肝心の当人が気に入らなかった。それで夏休
みに当然帰るべきところを、わざと避けて東京の近くで遊ん
でいたのである。彼は電報を私に見せてどうしようと相談を
した。私にはどうしていいか分らなかった。けれども実際彼の
母が病気であるとすれば彼は固より帰るべきはずであった。
それで彼はとうとう帰る事になった。せっかく来た私は一人
取り残された。
学校の授業が始まるにはまだ大分日数があるので鎌倉に
おってもよし、帰ってもよいという境遇にいた私は、当分元の

過ぎた。それに肝心の当人が気に入らなかった。それで夏休
みに当然帰るべきところを、わざと避けて東京の近くで遊ん
でいたのである。彼は電報を私に見せてどうしようと相談を
した。私にはどうしていいか分らなかった。けれども実際彼の
母が病気であるとすれば彼は固より帰るべきはずであった。
それで彼はとうとう帰る事になった。せっかく来た私は一人
取り残された。
学校の授業が始まるにはまだ大分日数があるので鎌倉に
おってもよし、帰ってもよいという境遇にいた私は、当分元の

比例紧排。由于文字的字幅各异，所以文字间的疏密不一（字距不固定），不适合用于长篇文章的排版。在文字的中心画上点，字距的随机性就一目了然。

匀空排的成功范例

デ ザ イ ン の ひ き だ し

デ ザ イ ン を 仕 事 と し て い る 人 、

デ ザ イ ナ ー へ 仕 事 を お 願 い す る 人 、

そ れ を 受 け 取 っ て 印 刷 や 加 工 を す る 人 、

そ ん な 方 々 、 み な さ ん に 役 立 つ

デ ザ イ ン と 技 術 情 報 を 詰 め 込 み ま し た 。

■该例是文字之间均匀拉开距离的匀空排。给人感觉有些疏松，并不适合用于长篇文章，但如果在目录或正文前的简介中用得恰到好处，就会得到非常好的效果。

图片边缘造成行长不等的例子

日本が獲得した金メダルの8割は、
同一ブランドを着た選手たちによるものだった。

1964年、アジアでは初の夏季大会となる、東京
オリンピックが開催される。日本からは「東洋
の魔女」と称された大松博文監督率いる女子バ
レーボールチーム、「体操王国」の名を広めた体
操選手たち、ウエイトリフティングの三宅義信氏
らが表彰台に上った。ゴールドウイナーたちの勇
姿は、家庭に普及していた白黒テレビによって
日本中に伝えられることとなる。この大会では、
日本人の金メダリストの実に8割が、ゴールド
ウイン製のユニフォームを着用。「より多くの
選手にゴールドウイナーになってほしい」
という願いを込めて、社名を「津澤メリ
ヤス製造所」から「ゴールドウイン」へ
と変更してから一年、その願いは見事
に現実のものとなったのだ。その背
景には、何よりもモノ作りの確か
さがあった。アスリートとスポーツウエ
アメーカーが出会い、選手と社員が一
緒になって進める商品開発。品質の
ゴールドウインの評判が口コミで
選手たちに広がっていった。

■这种情况是文字排版中的特例。在版式设计中，有时正文要绕开人物等照片的边缘。当我们遇到这种行长不等的正文时，应选择比例紧排，但要注意避免打破文字排列的节奏。

总　结

■ 首先要确保阅读时的节奏，然后力求将版面排得整齐美观。我们要根据不同的用途灵活选择文字的排列方式。

11 和西混排

和西混排指的是日语和英语（拉丁字母）混杂在一起排列。如何才能使来自完全不同文化的文字和符号编排得富有美感呢?

字体的差异

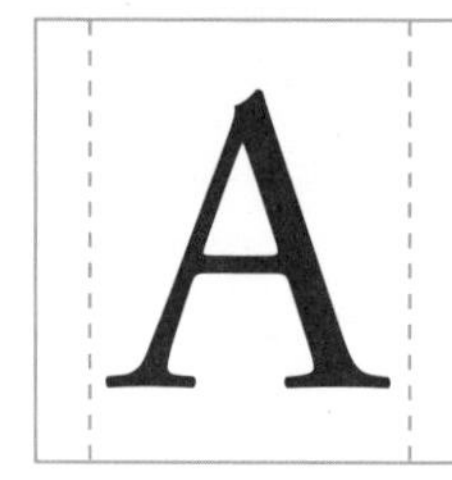

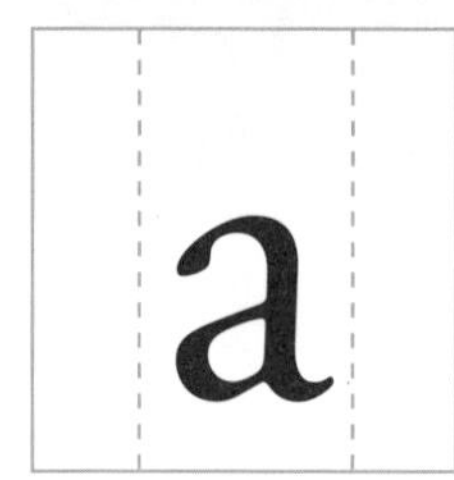

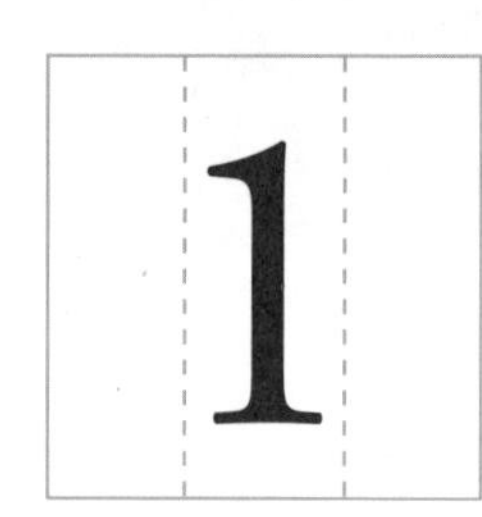

■如左图所示，它们分别是平假名、日语汉字、片假名以及拉丁字母的大写、小写和数字。上方的三种日语字体均有各自的假想字身（图中橘色方框），都位于一个正方形之中。然而，下方的拉丁字母和数字的“假想字身”却是狭长形的。

■另外请记住，拉丁字母大小写的高度也各不相同。

一起排版

2010 年から 3331 Arts Chiyoda に移転し、デザインとアートの新しい関係を探る役割がミッションとして加わりました。移転前のオフィスは改装し dragged out

2010年から3331 Arts Chiyodaに移転し、デザインとアートの新しい関係を探る役割がミッションとして加わりました。移転前のオフィスは改装しdragged

■首先请看上图左侧的文字排版。与右侧的相比，它的版面显然很不协调。那么，问题究竟出在哪里呢？首先，日文与西文的字体粗细不同。在这种和西混排的情况下，可以把 100% 的日文字体作为基准，将西文字体和数字的大小稍稍调大以满足视觉平衡，可在 110% 前后进行尝试。

2010①年から②3331 Arts Chiyoda に③移転し、デザインとアートの新しい関係を探る役割がミッションとして加わりました。移転前のオフィスは改装し④dragged out

① 注意文字的粗细。

② 确认高度是否一致。

③ 确认基线是否一致。

④ 思考设计是否适合日文字体。

字体的组合

2010年から3331 Arts Chiyodaに移転し、デザインとアートの新しい関係を探る役割がミッションとして加わりました。移転前のオフィスは改装しdragged out studioと

这是对上一页不协调的排版修改后的版本。日文字体保持不变，而西文字体的粗细和设计变成了与日文字体一致的风格，且西文的大小扩大至原来的 110%，从而和日文字体保持一致的高度。

■把风格不同的日文与西文放在一起进行和西混排时，应该选择怎样的组合呢？接下来，我会用自己惯用的混排例子来介绍选择字体时的要点。选择字体时最重要的是字体的“粗细”。日文字体与西文字体的横、竖笔画的粗细各不相同。因此，在和西混排的情况下，首先应选择横、竖笔画的粗细相接近的字体。

2010年から3331 Arts Chiyodaに移転し、デザインとアートの新しい関係を探る役割がミッションとして加わりました。移転前のオフィスは改装しdragged out studioとして運営中です。社名に選んだ「アジール」は、制度的な概念にはない「自由領域」を意味

中黑体 BBB + Trade Gothic
Trade Gothic 107%

2010年から3331Arts Chiyodaに移転し、デザインとアートの新しい関係を探る役割がミッションとして加わりました。移転前のオフィスは改装しdragged out studioとして運営中です。社名に選んだ「アジール」は、制度的な概念にはない「自由領域」を意味する言葉で

新黑体 M + LT Univers Basic Medium
LT Univers Basic Medium 113%

2010年から3331 Arts Chiyodaに移転し、デザインとアートの新しい関係を探る役割がミッションとして加わりました。移転前のオフィスは改装しdragged out studioとして運営中です。社名に選んだ「アジール」は、制度的な概念にはない「自由領域」を意味

龙宋体 M-KL + Adobe Garamond Pro R
Adobe Garamond Pro R 118%

2010年から3331 Arts Chiyodaに移転し、デザインとアートの新しい関係を探る役割がミッションとして加わりました。移転前のオフィスは改装しdragged out studioとして運営中です。社名に選んだ「アジール」は、制度的な概念にはない「自由領域」を意味

柊野宋体 W5 + Bodoni BE Light
Bodoni BE Light 115%

文字大小的组合

■确定了字体以后，为了更加便于读者阅读，还要对文字的大小进行微调。和西混排时，日文与西文使用相同的字号是不会设计出易于阅读的版式的。显然这是因为它们的文字大小不同。在大多数情况下，同字号的西文会比日文小。因此，我们要把西文略微调大，以维持同日文的视觉平衡。

■文字大小的微调不仅适用于日文字体与西文字体的混合排版，使用附属西文字体（日文字体中包含的西文字体。也就是把西文或数字指定成日文字体时应用的字体）时也同样适用。虽然差别微乎其微，但只要稍微改变大小就能使文字看起来更加自然。

2010 年から 3331 Arts Chiyoda に
移転し、デザインとアートの新
しい関係を探る役割がミッショ
ンとして加わりました。移転前
のオフィスは改装し dragged out

日文：龙宋体 M-KL 20 Q，西文：Adobe Garamond Regular 20 Q，文字大小并没有经过调整。整体看上去并不协调。请注意观察哪里不协调。

→

2010年から3331 Arts Chiyoda
に移転し、デザインとアートの
新しい関係を探る役割がミッシ
ョンとして加わりました。移転
前のオフィスは改装しdragged

西文的大小在横竖两个方向上均调整到原来的 118%。希望大家在调整文字大小时注意，大写的拉丁字母要与汉字的高度、实体字身的高度保持一致。

2010年から3331 Arts Chiyoda
に移転し、デザインとアートの新
しい関係を探る役割がミッシ
ョンとして加わりました。移転
前のオフィスは改装しdragged

日文：中黑体 BBB 20 Q，西文：Trade Gothic Medium 20 Q，文字大小并没有经过调整。

→

2010年から3331 Arts Chiyoda
に移転し、デザインとアートの新
しい関係を探る役割がミッシ
ョンとして加わりました。移転
前のオフィスは改装しdragged

西文的大小在横竖两个方向上均调整到原来的 107%。如此一来，整体看起来变得协调多了。

文字大小一致后的字体粗细

■日文与西文字体风格统一并调整好大小后，有时会出现下方右图那样高度相同但西文字体变粗的情况。此时，为了确保在调整字号后粗细一致，需要一开始就选择较细的西文字体。

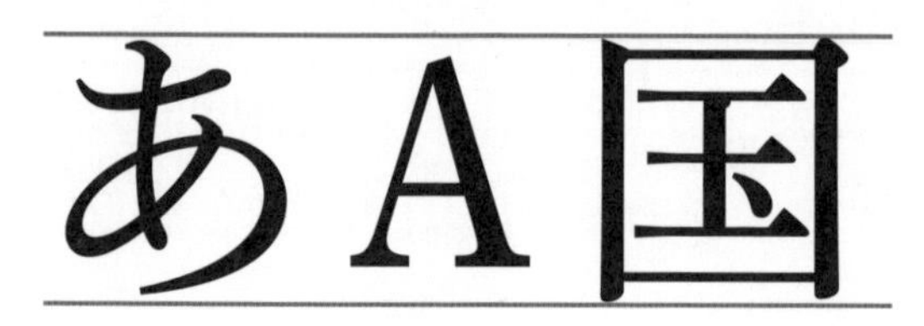

全为 95 级

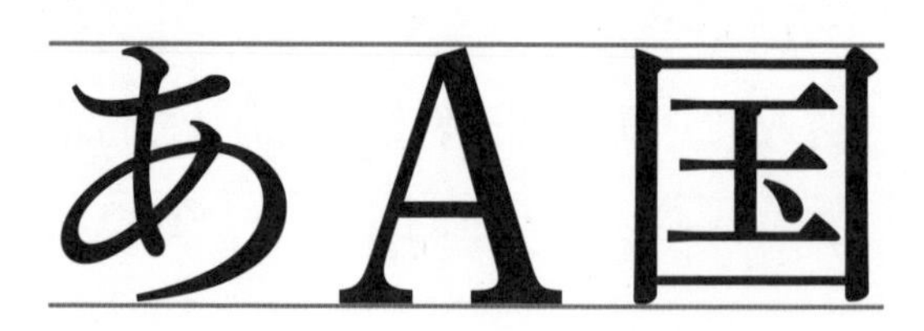

98 级　119 级　95 级

半角英文数字与全角英文数字

■在和西混排的情况下，如果文字大小已经调整一致，可不知为什么看起来还是不协调，那么问题或许出在选用的字体并没有反映在西文上。如当全角西文、全角符号和半角西文混杂在一起时，就会出现日文字体为全角而西文字体为半角的情况。

■一般情况下，我们不能把全角西文和半角西文混杂在一起使用，基本上字体使用半角西文看起来会更美观。如果一定要部分混用则必须制定明确的规则。

２０１０年から３３３１ Ａｒ
ｔｓ Ｃｈｉｙｏｄａに移転し
ました。移転前のオフィスは改
装しｄｒａｇｇｅｄ ｏｕｔ ｓ
ｔｕｄｉｏとして運営中です。

龙宋体 Pro M-KL
全角数字和拉丁字母的使用令字距过大，看起来很不协调。

→

2010年から3331 Arts Chiyoda
に移転しました。移転前のオフィ
スは改装しdragged out studio
として運営中です。

龙宋体 Pro M-KL + Times New Roman
数字和拉丁字母调整为半角后，西文字体选用恰当，大小也调整一致。

２０１０年から３３３１ Ａｒ
ｔｓ Ｃｈｉｙｏｄａに移転し
ました。移転前のオフィスは改
装しｄｒａｇｇｅｄ ｏｕｔ ｓ
ｔｕｄｉｏとして運営中です。

粗黑体 B101
和上面一样，全角数字和拉丁字母的使用令字距过大，看起来很不协调。

→

2010年から3331 Arts Chiyoda
に移転しました。移転前のオフィ
スは改装しdragged out studio
として運営中です。

粗黑体 B101 + Helvetica Regular
数字和拉丁字母调整为半角后，西文字体选用恰当，大小也调整一致。

２０１０年から３３３１ Ａｒ
ｔｓ Ｃｈｉｙｏｄａに移転し
ました。移転前のオフィスは改
装しｄｒａｇｇｅｄ ｏｕｔ ｓ
ｔｕｄｉｏとして運営中です。

新黑体 R
看似和上面一样同为全角英文数字，其实这里用的是西文半角的英文数字。新黑体的半角英文数字和日文一样，笔画之间形成的内部空间较宽大。

→

2010年から3331 Arts Chiyoda
に移転しました。移転前のオ
フィスは改装しdragged out
studioとして運営中です。

新黑体 R
把英文数字变为西文全角后，字距紧缩，看起来可能更协调，尤其是数字部分。这两种方法各有千秋，选择适合版式的即可。

总 结

- ■ 日文和西文混排时应选择风格相近的字体。
- ■ 调整排版时应核对文字的粗细及大小。

12 标点符号的处理

除了平假名和汉字以外，文章中还会经常出现句号、逗号、括号、冒号等标点符号。下面我来介绍一下使用标点符号时的规则和注意事项。

标点符号

■在日文文章中，除了平假名、片假名、汉字、数字、拉丁字母等文字以外，还包括引号、逗号、句号等各种标点符号。在对下列的标点符号进行排版时，必须遵循一定的规则。

( )　[ ]　{ }　『』　「」　〈〉　【】　“ ”　、。

…　・　！　？　：　；　＃　＊　％　※　／　—　＠

きっと、来る。❶きっと。そう思った颯太はすかさずダッシュをして走り出した。海岸沿いの道路から見える海は、白い波の花がたち、いつも❷の優しい凪いだ風景とはちがっていた。
「『ちがう』って、ばあちゃんはいっとった❸。だから絶対に『ちがう』！」
さっき裕也に言われたことが、颯太の頭の中をぐるぐるとめぐって、いつまでたってもその言葉は出て行ってくれない。ど、どうして？どうしてなんだ……。ダッシュはすぐに辛くなり、颯太は次第に❹足がゆっくりと動くようになり、仕舞いには（どろぼう亭）と書かれた扉の前❺で立ち止まって❻しまった。
「……あれ？　こんな店、いままであったかな？」
そのドアの横にある、大きな窓ガラスを覗いてみると、そこにはたくさんの本が。本棚には『ディケンの冒険』❼『少年探偵海を渡る』といっ❽た、颯太の大好きな本がたくさんある。特に「あれは読みたいな」と颯太の心を振るわせたのが、『ヨットで七つの海を』だ。あれだけは「どうしても」読んでみたい。
（ちょっとなら大丈夫だよね）そう心の中で思った颯太は、ドアをそっと押してみる。するとどうだろう。ドアはスーッと空いて、中からひんやりした空気が出てくる。

→

きっと、来る。きっと。そう思った颯太はすかさずダッシュをして走り出した。海岸沿いの道路から見える海は、白い波の花がたち、いつもの優しい凪いだ風景とはちがっていた。
「『ちがう』って、ばあちゃんはいっとった。だから絶対に『ちがう』！」
さっき裕也に言われたことが、颯太の頭の中をぐるぐるとめぐって、いつまでたってもその言葉は出て行ってくれない。ど、どうして？どうしてなんだ……。ダッシュはすぐに辛くなり、颯太は次第に足がゆっくりと動くようになり、仕舞いには(どろぼう亭)と書かれた扉の前で立ち止まってしまった。
「……あれ？こんな店、いままであったかな？」
そのドアの横にある、大きな窓ガラスを覗いてみると、そこにはたくさんの本が。本棚には『ディケンの冒険』『少年探偵海を渡る』といった、颯太の大好きな本がたくさんある。特に「あれは読みたいな」と颯太の心を振るわせたのが、『ヨットで七つの海を』だ。あれだけは「どうしても」読んでみたい。
(ちょっとなら大丈夫だよね)そう心の中で思った颯太は、ドアをそっと押してみる。するとどうだろう。ドアはスーッと空いて、中からひんやりした空気が出てくる。

使用标点符号时的注意事项

❶同一篇文章中的标点符号排版方式要统一

句号后要有一个半角空格（一般不用任何操作，默认就有），但有特殊要求时也可以去掉这个空格。此时，要在整篇文章中统一标点符号的使用方法和排版方式。

❷引号重叠时要用密排

两个以上的标点符号连续出现时，它们之间一般是没有空格的。左图出现了一个半角空格，应将其去掉。

❸禁止出现在行首的标点符号

有些标点符号原则上是不能出现在行首的，比如下表中的这些。但如果事先设定特殊的规则，规定其中一部分标点符号出现在行首，并在整篇文章中完全遵循该规则，也允许出现例外。当我们在禁止标点符号出现在行首的情况下发现标点符号出现在行首时，可以通过压缩前面的字距来调整标点符号的位置。

・点号	、，。. ・ ： ；？！
・连接符号	—（破折号） … →←↑↓ 一（长音） -（连字符）等
・重复符号	ゝ ゞ（平假名） ヽ ヾ（片假名）々（汉字的叠词）等
・括号类	） 」 〕 ｝ 】等
・单位符号	%、kg、cm 等
・日语中的拗、促音[①]	ぁ ぃ ぅ ぇ ぉ っ ゃ ゅ ょ ゎ ゕ ん ァ ィ ゥ ェ ォ ッ ャ ュ ョ ヮ ヶ ン

❹圆括号（ ）等括号类符号前后的处理

输入圆括号（ ）等括号类符号时，其前后会自然出现两个半角空格。虽然保持原状无伤大雅，但我们常常会去掉这种空格。当然，只要整篇文章规则统一，有没有半角空格都可以。

❺括号类和其他符号重叠时要用密排

与②相同，括号类和其他符号也时常出现重叠的情况。此时，一般要去掉之间的空格，采用密排。

❻问号（？）、感叹号（！）后插入全角空格

一般情况下，在行尾的问号、感叹号后应插入全角空格。不过，它们出现在其他位置时不必遵循这一原则。

❼下、上引号重叠时要插入半角空格

前面提到标点符号连续出现时要用密排，但是，下、上引号之间要插入半角空格。与之类似的还有句号和上引号之间。

❽禁止出现在行尾的标点符号

与行首的情况相同，原则上也有一部分标点符号禁止出现在行尾。其中括号和引号的前半部分是最具代表性的。

---

① 拗音和促音，日语中表音的假名，比一般假名小。

标点符号的全角与半角

消費税が変わる
ことによって、例
えば定価1000円
(税抜き)のものが
[8%]なら1080円、
[10%]なら1100円
になってしまう。

半角标点符号

→

消費税が変わる
ことによって、例
えば定価1000円
（税抜き）のものが
［8%］なら1080円、
［10%］なら1100円
になってしまう。

全角标点符号

■一般来说，日语中要使用全角的( ) [] 等括号类符号，如果使用半角的，就会使这些符号和其他文字无法对齐，从而影响整体的美感。如果在意全角的空隙，可以通过压缩字距来进行相应调整。

拉丁字母和数字的全角与半角

この画像はＡｄｏ
ｂｅ Ｐｈｏｔｏ
ｓｈｏｐでレタッ
チをします。ＣＭＹ
Ｋの合計の数字を
３２０より大きくし
ないようにしましょ

全角拉丁字母和数字

→

この画像はAdobe
Photoshop でレ
タッチをします。
CMYKの合計の数
字を320より大き
くしないようにし
ましょう。

半角拉丁字母和数字

■拉丁字母和数字也有全角与半角之分。当这些符号与假名、汉字并列排版时，我们需要考虑采用哪种设置更便于阅读。横排时基本使用半角，但是，一个文字（1 或 A 等）单独出现时，或特殊情况下也可以使用全角。

标点悬挂

　グスコーブドリは、
イーハトーヴの大きな
森のなか生まれまし
た。おとうさんは、グ
スコーナドリと木こり、
どんな大きな木でも、

标点悬挂排版

→

　グスコーブドリは、
イーハトーヴの大き
な森のなか生まれまし
た。おとうさんは、グ
スコーナドリと木こり、
どんな大きな木でも、

标点挤压排版

■做日文排版时，处理标点符号的方式有“标点悬挂”和“标点挤压”。“标点悬挂”是指标点符号悬挂在文本框外，“标点挤压”是指把标点符号挤压在文本框中。前者的版面文字排列整齐、均匀；后者的版面整体排列紧凑。这两种设置方式各有千秋，在同一篇正文中注意统一即可。

それは違う、、、と思ったものの、どうしても訂正はできなかった・・・。みんながそう書いているから！違うなんて言ったら〝仲間はずれ〟にされるかもしれない…。それが怖くてなかなか言い出せないのだった。。。話は変わるけど、新しい洋服かわいいね◎

→

それは違う……と思ったものの、どうしても訂正はできなかった……。みんながそう書いているから！　違うなんて言ったら“仲間はずれ”にされるかもしれない……。それが怖くてなかなか言い出せないのだった……。話は変わるけど、新しい洋服かわいいね。

は違う、、、と
、どうしても訂
った・・・。み
なかなか言
だった。。。話
新しい洋服か

❶不要连续使用逗号、句号和间隔号

我们有时会用连续的逗号[①]、句号和间隔号来表示沉默的意思，这是不正确的。此时一般使用六个点的省略号“……”。

それは違う
ものの、どう
きなかった・

❷过度压缩逗号

当我们在意逗号和句号产生的空隙时，也可以对其进行压缩。不过，本来逗号和句号应该紧跟前面的文字，所以若靠近后面的文字则是错误的。

・。みんなが
から！違うな
〝仲間はずれ〟

❸全角空格

一般句末的符号之后的空间是全角空格，左图中叹号紧贴后面的文字是错误的。

るから！違うな
〝仲間はずれ〟
しれない…。そ

❹标点符号要用对

虽然日文中的双引号与“爪括弧”[②]看起来相似，但是它们的用途不同。所以使用时要注意，避免用错。

仲間はずれ〟
れない…。そ
なか言い出せ

❺省略号要用六个点

省略号是由两组三个点的符号组成的，除特殊情况外，表示省略时要把这两组三个点连起来使用，也就是使用六个点。

总　结

■ 除特殊情况外，使用标点符号时要遵循基本原则。

① “、”在日语中表示逗号的意思。

② 在日文中的用法与引号类似，表示区别于引号的强调。

13 标题的字体与大小

标题包含了一个企划的概念和主题，为了将这些信息传达给读者，我们要选择合适的字体和大小。

标题是什么

■标题就是“题目”，根据页面的元素有时也叫作“小标题”或“宣传语”。标题的作用是以简洁精炼的语言概括页面或文章要传达的内容。标题的性质与正文截然不同，要求语言简练，能瞬间映入读者的眼帘。因此，标题必须选用最醒目的字体和字号。那么，要如何使它引人注目呢?

■最简单的方法是采用比正文“更大”“更粗”的字体。不管文字实际多大，其所占的空间越大则越醒目。

❶大小

标题文字尽可能做大，令其占满纸面。

❷粗细

虽然字号没有上图的大，但是加粗的文字很容易抓住读者的视线。

❶首先加大字号，这么做的确能使文字变得更加醒目。改变标题大小时的重点是：要和正文产生最大程度的反差。如果反差不明显，标题就不够醒目，所以要处理好标题与正文之间的平衡。

❷不改变标题和正文的大小也能使它们产生反差，方法是加粗字体。比如为了区分章节名和正文，可以加粗章节名的字体而不更改字号。

❸把标题放在一块较大的空间内，加大字距，即使它们字号不大也能形成和其他文字的反差，从而变得醒目。

❹有时改变字体也能使标题看起来更显眼。最简单的方法是标题用黑体、正文用宋体，这样能使标题醒目、正文易读。有时反过来也可以，如果标题内容与宋体更加契合，在最引人注目的标题上使用宋体能更直接地将内容传达给读者。请多观察字体的特征，多多尝试吧。

❸空间

留出空间的松弛排版突出了标题的印象。

❹字体

使用与正文不同的字体。

标题的协调感

■标题文字是页面中最醒目的部分，我们在排版时要兼顾标题的协调感，追求版面的美感。

看一看

■右上方图片采用的排版方式是密排，但其中文字的疏密程度看起来并不一致。标题文字是页面中最醒目的部分，应注重整齐与美观。

■排版标题文字时需要注意的地方有“字体特征”“拗促音”和“空隙”。我们在介绍正文的排版（第 70 页）时也解释过，日文排版有可能出现平假名、片假名、汉字、英文字母和数字混杂在一起的情况。片假名的排列看起来较紧密，而拗音、促音前后则有空隙。为了使每个文字看起来整齐且间隔一致，就必须了解它们的特征，用眼睛判断间距是否合适。

第10回
グラフィック社
「ひきだし」AWARD
作品募集！！

第10回
グラフィック社
「ひきだし」AWARD
作品募集!!

上图为密排，没有调整字距，下图做了细致调整。正文排版时可以使用密排，但是因为标题的字号比较大，尤其是比较显眼的地方，要排列紧凑一点儿，这样才会更美观。

❶数字

第10回

无论是全角数字还是半角数字，不做调整都难获协调的美感。比如“1”等狭长形数字前后都会有空隙，而“0”和“8”等由于字幅较宽，则会贴近前后的文字。这时我们就需要通过排版软件的字距调整功能分别对其进行微调。

第10回

数字挤压过度的例子

不能一味地挤压文字，挤压过度也不美观。所以请仔细观察文字前后的空隙，力求版面的协调与美观。

❷英文字母

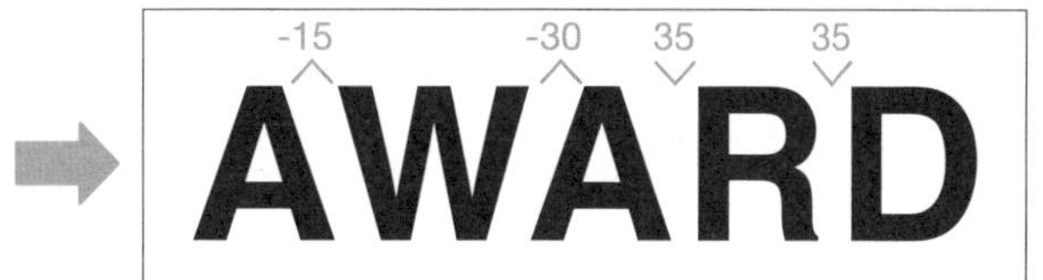

拉丁字母的字幅也各不相同。当这些文字并排出现时，采用密排的方式往往会显得不整齐。“A”和“W”的笔画中的斜线是平行的，如果不缩小一些，其间距看起来就会比其他字母的间距大。

❸平假名、片假名、汉字

大多数日文字体的平假名和片假名往往比汉字小，所以字间距就显得更大。此外，拗音、促音用密排一定会使前后出现明显的空隙，因此需要调整字距。

❹标点符号

标点符号（第 74 页）用密排时前后往往会有明显的空隙，为了美观就要挤压字距。不过需要注意的是，字距不能挤压得太小，否则可能会导致分割文章的重要标点符号难以体现出本来的作用。

总 结

- ■ 标题是页面上最醒目的文字，我们要通过加大字号、加粗、留空隙、调整字体来使它和正文形成反差。
- ■ 标题文字排版时要兼顾协调美观且要留意文字的疏密程度。

14 文字的加工

在设计吸引眼球的特辑标题时，有时需要对文字进行加工。文字华丽并不是我们唯一的追求，以下将为大家介绍通过最少的工序加工文字使其变得更美观易读的方法。

适合标题文字的加工

■提到文字加工，你可能会想到立体、阴影等各种特殊效果，不过这里要介绍的并非如此，而是可以体现文字的自然美以及标题应有的强度和美感的方法。

■下面我们通过“法布尔昆虫记”（ファーブル昆虫記）这一标题排版的实例来进行讲解。首先，我们采用密排的方式，下例中分别使用黑体和宋体。

■接下来我们调整字距，使文字整体协调美观。由于标题字号过大，调整时要注意视觉平衡。

■最后用 Photoshop 加上模糊效果并将字体轮廓“路径”（path）化，这样文字的加工就完成了。

密排

黑体（标题黑体MB31）

ファーブル昆虫記

宋体（ZEN旧宋体N Bold）

ファーブル昆虫記

调整字距以求协调

ファーブル昆虫記

ファーブル昆虫記

微调

ファーブル昆虫記

ファーブル昆虫記

加工文字以获得协调美感

■接下来是对标题文字的加工。本书中提到的“加工”并不是指重新设计、装饰文字，而是通过发挥传统优美字体的独特韵味，增加其作为标题的强度。这里将介绍三种加工方法，分别是“调整字形”“调整粗细”和“去三角”。

■首先用密排来排列文字，调整字距使它们整齐美观。尤其是里面的引号显得较紧和略粗，我们将它换成了细的。

■然后用 Photoshop 对这些文字进行模糊、锐化处理，再用 illustrator 抽取轮廓。最后去除笔画端部的装饰三角，修复过于圆润的角部并缩短引号，大功告成。

レイアウト、基本の「き」

黑体 MB101 DB

レイアウト、基本の「き」

调整字距
引号调细

レイアウト、基本の「き」

调整粗细

レイアウト、基本の「き」

调整字形
抽取轮廓

レイアウト、基本の「き」

细节的最终调整
去除笔画端部的装饰三角
修复过于圆润的角部

总 结

■ 由于仅用现有的字体无法令标题引人注目，若想吸人眼球则需对文字进行加工。

15 简介与小标题的设计原则

除了正文以外，版面上还有其他文字元素也发挥着重要的作用。下面向大家介绍一下其中具有代表性的“简介”与“小标题”的设计原则。

确定文字的优先顺序

■标题传达着书名、企划主题等信息，是版面上最醒目的文字，在广告中也被称为“宣传语”或“商品名”，报纸上的“大标题”也包括在内。简介也称“前言”“导言”，记载了文章的概要并引导读者进入正文。小标题常附在大标题后面，以及设置于长篇文章之中。

试一试

■编辑提供给我们以下内容，其中指明了哪些是标题、简介、小标题和正文。现在让我们通过实际操作来了解一下应该对它们进行哪些修改吧。

【メインタイトル】❶
『レイアウト、基本の「き」』発売中。

【リード】❷
レイアウトができない、上達しないのは、
「基本中の基本」がわかっていないからかも。

【本文】❸
「意識して見る」ことが身に付く
うまくレイアウトができない原因のひとつが、意識的にものを見ていないということ。何を意識して、どんな風にして見ると、レイアウト的な視点からものが見られるのかがわかります。今までレイアウトなんて一度もやったことがないのに、急な部署移動で自分で手がけなくてはならなくなった。美大に通っているけど、実際にチラシをレイアウトしてみようと思ったら、どうにもうまくまとまらない。こんな悩みを持った人に、ぜひとも読んでもらいたいのが『レイアウト、基本の「き」』。今までのデザインやレイアウトの入門書とはひと味もふた味も違うレイアウトの本です。

❶ 标题要醒目（参考第 78 页）。
❷ 简介要简单明了。
❸ 小标题要和正文区分开。
- **缩短行长**
  小标题的行长往往比正文短。
- **改变文字大小**
  小标题和正文的文字大小要有差异，但差异不能太大，否则会不协调。

『レイアウト、基本の「き」』発売中。

レイアウトができない、上達しないのは、
「基本中の基本」がわかっていないからかも。

「意識して見る」ことが身に付く

うまくレイアウトができない原因のひとつが、意識的にものを見ていないということ。何を意識して、どんな風にして見ると、レイアウト的な視点からものが見られるのかがわかります。今までレイアウトなんて一度もやったことがないのに、急な部署移動で自分で手がけなくてはならなくなった。美大に通っているけど、実際にチラシをレイアウトしてみようと思ったら、どうにもうまくまとまらない。こんな悩みを持った人に、ぜひとも読んでもらいたいのが『レイアウト、基本の「き」』。今までのデザインやレイアウトの入門書とはひと味もふた味も違うレイアウトの本です。

小标题占 3 行和 4 行的例子

■小标题通常会和正文保持一定的间隔，在排版时要先确定小标题所占的行数，再将正文附后。

「意識して見る」ことが身に付く

うまくレイアウトができない原因のひとつが、意識的にものを見ていないということ。何を意識して、どんな風にして見ると、レイアウト的な視点からものが見られるのかがわかります。今までレイアウトなんて一度もやったことがないのに、急な部署移動で自分で手がけなくてはならなくなった。美大に通っているけど、実際にチラシをレイアウ

小标题占 3 行

「意識して見る」ことが身に付く

うまくレイアウトができない原因のひとつが、意識的にものを見ていないということ。何を意識して、どんな風にして見ると、レイアウト的な視点からものが見られるのかがわかります。今までレイアウトなんて一度もやったことがないのに、急な部署移動で自分で手がけなくてはならな

小标题占 4 行

跨栏

■排版小标题时要避免“跨栏”现象。跨栏指的是两行小标题的第二行被排入下一栏或下一页的情况。另外，小标题也不能出现在一栏的最后。为避免发生这些情况，可以将上一栏或上一页的小标题一并向后排或调整正文的字数。

今までレイアウトなんて一度もやったことがないのに、急な部署移動で自分で手がけなくてはならなくなった。美大に通っているけど、実際にチラシをレイアウトしてみようと思ったら、どうにもうまくまとまらない。うまくレイアウトができない原因のひとつが、意識的にものを見ていないということ。何を意識して、どんな風にして見ると、レイアウト的な視点からものが見られるのかがわかります。

どうしてそうするかの

訳がわかる

デザイン事務所で働きだしたけど、いつも先輩に「これじゃダメだよ」と言われて、なかなかレイアウトにOKがでない。こんな悩みを持った人に、ぜひとも読んでもらいたいのが『レイアウト基本のキ』。今までのデザインやレイアウトの入門書とはひと味もふた味も違うレイアウトの本です。いいレイアウトには、実はちゃんと訳があるのです。

「意識して見る」ことが身に付く

→

今までレイアウトなんて一度もやったことがないのに、自分で手がけなくてはならなくなった。実際にチラシをレイアウトしてみようと思ったら、どうにもうまくまとまらない。うまくレイアウトができない原因のひとつが、意識的にものを見ていないということ。何を意識して、どんな風にして見ると、レイアウト的な視点からものが見られるのかがわかる。

どうしてそうするかの
訳がわかる

デザイン事務所で働きだしたけど、いつも先輩に「これじゃダメだよ」と言われて、なかなかレイアウトにOKがでない。こんな悩みを持った人に、ぜひとも読んでもらいたいのが『レイアウト基本のキ』。今までのデザインやレイアウトの入門書とはひと味もふた味も違うレイアウトの本です。いいレイアウトには、実はちゃんと訳があるのです。

「意識して見る」ことが身に付く

どうしてこの写真をここにレイアウトするのか。

总 结

■ 了解简介和小标题的作用，选择合适的排版方式。

16 多栏的排版顺序

如果一个页面中存在多种元素，页面结构就会变得复杂。此时，能引导读者顺畅阅读的排版顺序就变得至关重要。

考虑了视觉走向的多栏排版

■请看右边的例子，当你读完第一栏的正文后，知道接下来读哪一栏吗？这样的版式设计显然不便于阅读，怎样调整才能符合视觉走向呢？这时，我们需要考虑各栏的排版顺序。

■我们在介绍视觉走向（第 20 页）时提到了读者阅读页面的顺序，文字方向为竖排时从右上到左下，横排时从左上到右下。多栏排版时也不能忽视这一点，需要符合视觉走向。

■如果排版时因为某些特殊需要而打破了这种规则，那么应该用“→”或其他符号指明下一段落的位置，使读者一目了然。

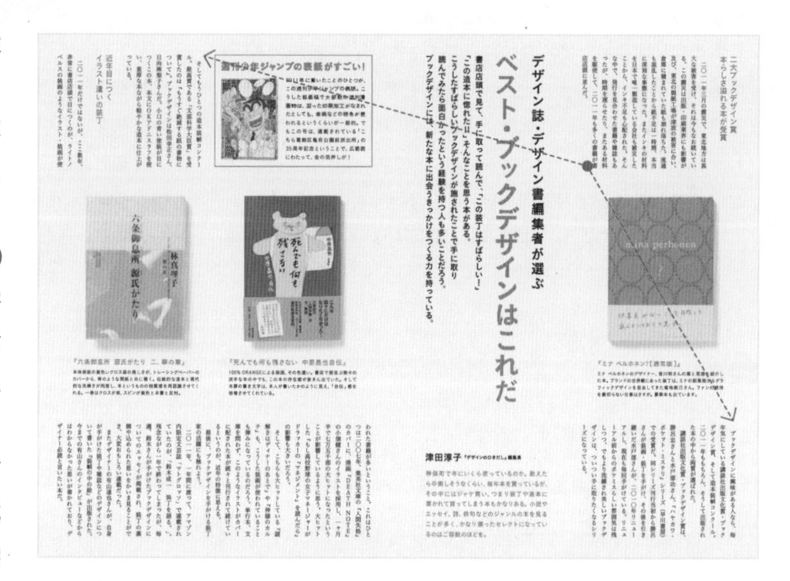

修改后的版式

参考上述要点，重新进行了排版。

❶移动正文的位置，使顺序一目了然。

❷配合上一项改动，将标题移到了视线最先注意到的右上方。

❸将带框的专栏移到不影响正文阅读的位置。

如何修改不符合视觉走向的版式

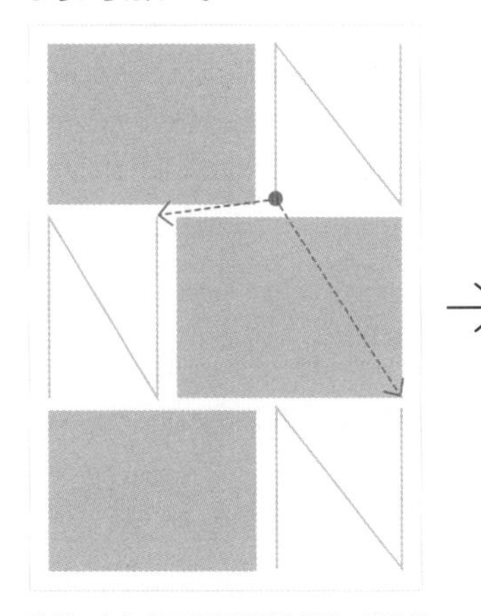

这是一个包含了 3 张插图的版面。对于其中的文字（N 为文字部分），读者在读完第一栏后，会不清楚下一栏在哪里。

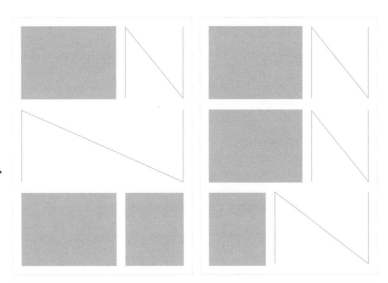

这是两个调整后的例子，调整后的版面变得清晰易读。无论把正文整理为 2 栏还是 3 栏，只要把插图集中在一侧，无论正文分成几段，读者读完一段都能知道下一段在哪。

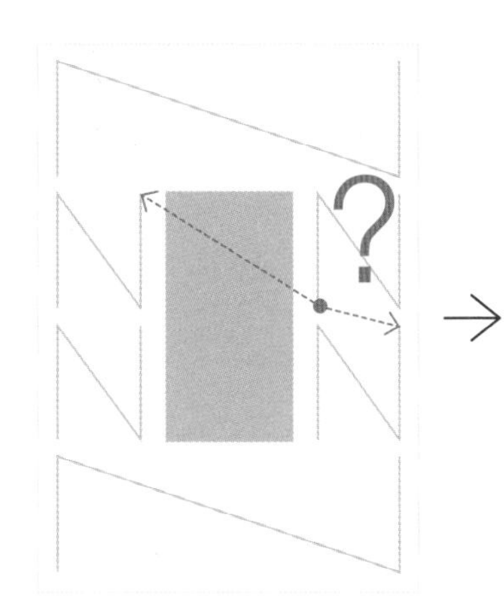

这是一个文字栏有 4 栏、中央包含 1 张插图的版面。读者在读完右侧的第二段文字后，不知道是该读左边的一段还是下面的一段。

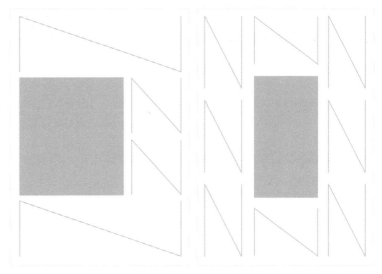

如果还是保持文字栏为 4 栏的排版方式，可以把插图移到最左侧或最右侧，不要让插图把文字隔开。或者，索性把文字分为 3 栏，让文字环绕在照片周围。

总　结

- 文字分栏排版要遵循视觉走向。
- 文字方向为竖排时，视觉走向为从右上到左下。文字方向为横排时，视觉走向为从左上到右下。
- 遇到多种元素并存的复杂版面时，要多加考虑，使版面符合视觉走向，引导读者顺畅阅读。

17 页码与页眉、页脚

除了正文以外，页面上重要的文字元素还有显示页数的“页码”以及提示章节名、书名等的“页眉”“页脚”。下面我来简单介绍几种它们的插入方法。

优先考虑书的功能

■页码就是印刷物的页数编码。页眉、页脚位于书籍、杂志等印刷物版面周围的空白部分，用于记载书名、章节标题、要点等内容。请大家仔细观察一下手头的书籍和杂志。

■除特殊情况外，每一页都要有页码。以下情况例外：①扉页、卷首插图、版权页等；②插图和表格占据了页码的位置。

■页眉、页脚的插入方法五花八门，风格主要取决于书籍的内容等因素。常见的两种插入方法是双联页中连续出现的“每页页眉、页脚”和只在奇数页中出现的“隔页页眉、页脚”。每页页眉、页脚的偶数页会记载章标题等大标题，而奇数页通常记载小节标题等小标题。

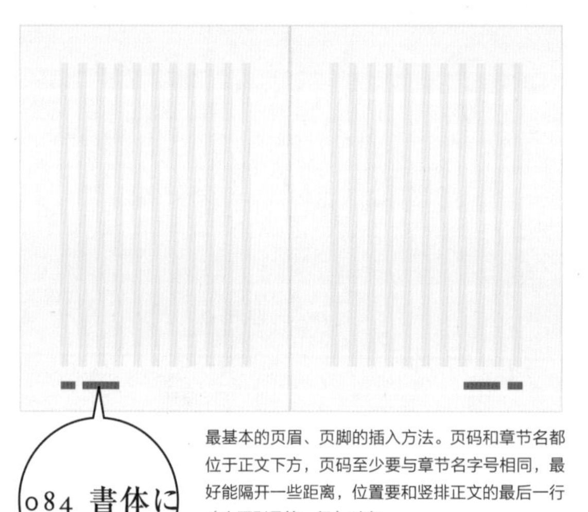

最基本的页眉、页脚的插入方法。页码和章节名都位于正文下方，页码至少要与章节名字号相同，最好能隔开一些距离，位置要和竖排正文的最后一行（右页则是第一行）对齐。

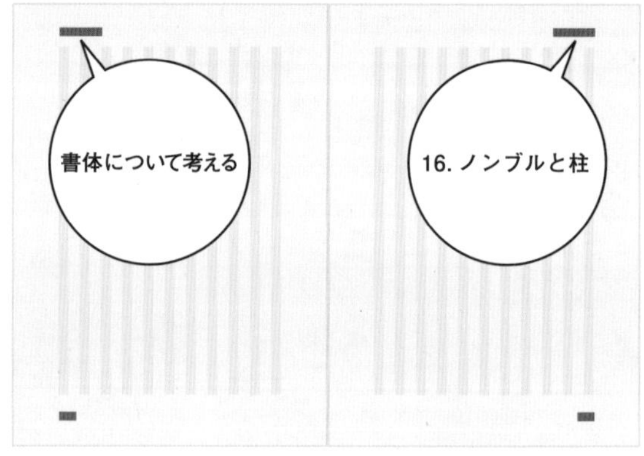

章节名和页码分别位于页面上方和下方的另一种便捷的排版方式。两页的页眉可以是相同的内容，也可以分别记载书名和章节标题等。

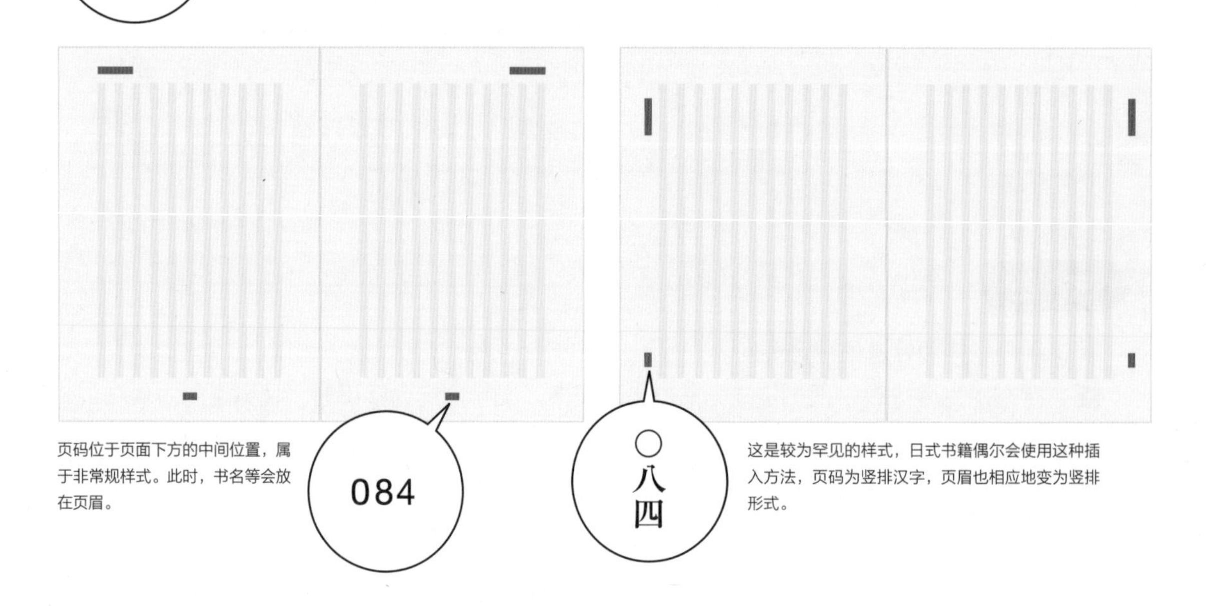

页码位于页面下方的中间位置，属于非常规样式。此时，书名等会放在页眉。

这是较为罕见的样式，日式书籍偶尔会使用这种插入方法，页码为竖排汉字，页眉也相应地变为竖排形式。

页码与页眉、页脚的字体及大小

■页码与页眉、页脚的字号一般要小于正文的字号（参照第 57 页）。因为正文是版面中最重要的部分，而页码和页眉、页脚是功能性的作用。虽然也不乏优美的大字页码设计案例（参照右图），但一开始还是建议大家把页码的字号设计得比正文的小。

■除特殊需求外，页眉、页脚的书名应选用和正文相同的字体。页码为阿拉伯数字时应选用和正文中的西文字体相似的数字字体。

もやったこと
自分で手がけ
大に通ってい
アウトしてみ
まくまとまら
原因のひとつ
いということ。

085

在不影响阅读的前提下，页码可以选择和书的风格相符的字体。页码文字一般比正文文字小 10% ~ 20%。例如，正文字号为 13 Q 时页码字号为 11 Q 左右。

もやったこと
自分で手がけ
大に通ってい
アウトしてみ
まくまとまら
原因のひとつ
いということ。

085

此例中页码文字比正文文字大，虽然不是基本样式，但有时为了突出显示会刻意调大。此时，如果页码的视觉冲击太强，还可以通过改变颜色深浅的方法来做调整。

页码与页眉、页脚的位置

もやったこと
自分で手がけ
大に通ってい
アウトしてみ
まくまとまら
原因のひとつ
いということ。

085

在竖排的版式中，页码一般要和右页的行首、左页的行尾对齐。

もやったこと
自分で手がけ
大に通ってい
アウトしてみ
まくまとまら
原因のひとつ
いということ。

085

不过，由于过去的页码多为全角，所以位置会向内侧靠一些，现在这么做也不算错误。

注意事项

■页码和页眉、页脚的作用是提示页数等信息，所以要让读者清楚地知道自己所看的内容是哪一章或第几页。因此，两页之间的凹陷处等难以发现的地方一般不予考虑。

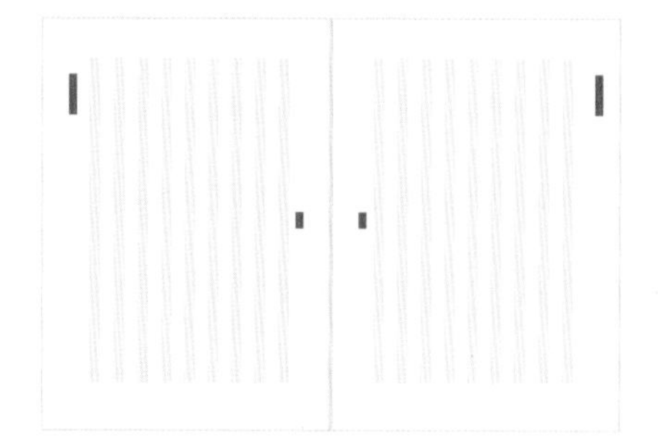

总 结

■ 页码要置于读者易于识别的位置且不能影响页面的内容。

CHAPTER 3

第3章

照片与插图

1 照片与插图的处理

加入照片和插图可以使页面更美观。下面让我们来看一下照片和插图的处理原则，以及使它们呈现更美效果的方法。

试一试

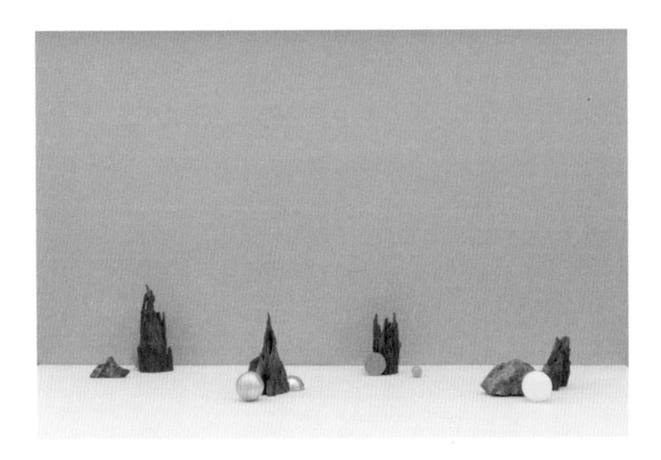

■左侧是摄影师（或客户）发来的一张照片，照片下方摆放着几件物品，上方留出了一些空间。这张照片将成为页面的主图。我们的目标是尽量充分利用该照片，不加入文字元素。

■如果要在A4（210 mm×297 mm）大小的纵向页面中设计，应该如何充分利用这张照片呢？下面让我们试试看吧。

不经裁剪，直接放入页面。

如果编辑和摄影师没有特别的要求，设计师又想充分利用照片时，首先应该考虑插入原图，不做改动。但是在本例中，要想将横向的照片放入纵向的页面中就必须缩小尺寸，这样一来照片的冲击力便会减弱。

通过裁剪使照片填满一页。

裁剪指的是将照片的一部分裁下来的加工方法。我们要选取照片中最主要的部分，此时需要事先向摄影师或客户确认照片中最想要强调的是哪一部分。效果好的裁剪能保留原照片的视觉冲击力。

旋转照片。

如果既想保留照片的全貌，又希望它尽可能大地呈现在页面上，那么可以将照片旋转90度。但是这样做会使照片的第一印象发生变化，所以必须仔细观察后再做决定。该方法并不适用于所有照片。

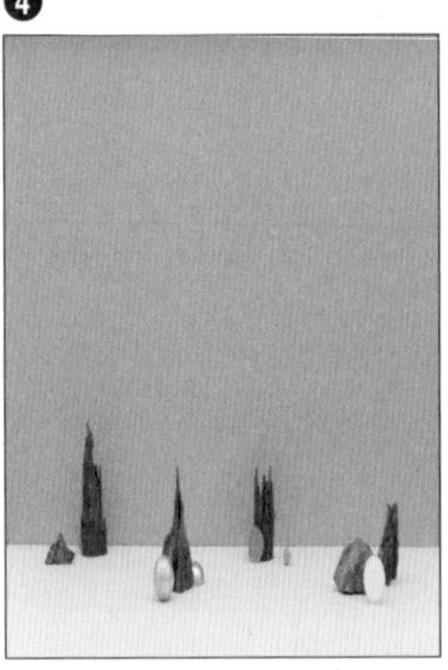

调整照片比例。

配合纵向页面的比例，将横向的照片整体拉长。可以看到，照片本身变形了。如果无论如何都要让一张照片占满整个页面或出于其他特殊理由，那么可以这样处理。但是，原则上不提倡这种改变照片原有比例关系的做法。

布局的变化

■在只有照片的页面中，我们一般不会对照片进行裁剪，并且会让它紧贴页面边缘。不过，有时通过裁剪也能使照片中的景物变得鲜活起来。这里的关键在于，我们要“有意识地品味”照片。从摄影师那儿拿到照片后，不要急着直接使用，而是要先确定照片在页面中的功能，思考如何设计能加深读者的印象，再来决定大小和裁剪。

■另外，适当的留白也会使照片产生不一样的印象。如果觉得只用满版照片的形式过于单调，可以试试留白的方式。

有时把照片的四周裁掉一点儿可以使照片上的物体更加鲜活，和上一页的第一张照片相比，显然本图中的四件物品更加醒目。

将画面分割为四部分，四件物品都被放大了，这样处理能凸显它们的细节。如果设计意图是让读者关注这些物品本身，就可采用此方法。

去掉上方蓝色的部分，在下方留出空白。如此处理可以改变照片的画面感，给人留下别样的印象。但是，如果原来的蓝色部分有重要的意义，那么就不能这样裁剪。

有大量文字元素，照片的空间很小。若想放大对照的物品，可以将照片像这样裁剪成两个部分，给其他元素留出大量的空间。

总　结

■ 在处理照片和插图时，其实有很多选择，请大家注意这一点。

2 多张照片的意义

在版面中插入多张照片时，与单张照片的处理不同，多张照片的排列会产生“意义”和“顺序”，所以在排版之前要把握好这些要点。

多张照片之间会产生关联

■左边的照片是太阳，右边是河流穿过城市的景色。这两张照片会有哪些组合方式呢？组合方式不同会使页面产生不一样的效果，下面让我们来看一看。

等大法

将两张照片在一页内以相同的尺寸上下摆放。此时可以发现，将太阳的照片摆在上方还是下方，版面的印象会完全不同。一般情况下，如果同时出现太阳和地面的照片，应根据现实的规律将太阳的照片放在上方。但是，如果有特殊的设计要求，也可以灵活改变。

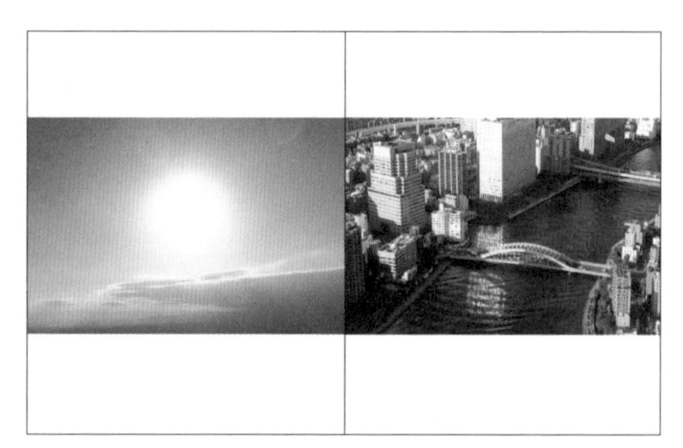

在小册子一类的读物中，把大小相同的两张照片分别置于左右两页。右翻页时按照城市（左）→太阳（右）的顺序，左翻页时按照太阳（左）→城市（右）的顺序。一般按照两者在正文中出现的顺序来排列。

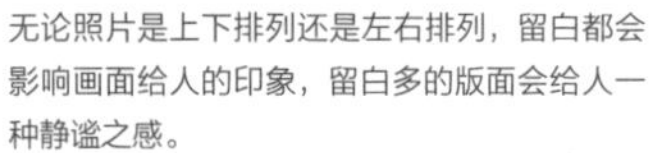

无论照片是上下排列还是左右排列，留白都会影响画面给人的印象，留白多的版面会给人一种静谧之感。

在小册子等读物中给左右页的照片设置留白时，需要留意各自页面的平衡以及双联页整体的平衡。

一大一小法

■在处理多张照片时，如果要把照片设置为不一样的大小，就必须先确定它们的“主次关系”。由下面的例子可知，改变照片的主次关系后，版面的效果会截然不同。在为多张照片设置大小时，一定要先确定哪个是主要的照片。

■比如下面的例子，我们要先明确太阳和城市景色哪个是主题，或者企划要求中希望读者先看到哪个，等等。我们要先思考页面传达内容的优先顺序，然后再设置照片的大小。

如果要求以太阳为主，那么就采用左侧的设计，反之则采用右侧的设计。尺寸最大的照片应该选择表达主题的照片。

即使主要照片（城市景色）和次要照片（太阳的照片）的位置不同也会改变页面的视觉效果。主要照片位于上方更能吸引读者的目光。

相较于右侧四周留白的设计，左侧使照片紧贴页面边缘的处理方式能加深读者对主要照片的印象。所以，若想最大限度地强调主要照片，采用紧贴边缘的方式会有显著效果。

试一试

■右边有 5 张比例相同的照片，现在让我们在横向的 A4（210 mm × 297 mm）纸上对它们进行排版。

■前面我们说过，处理多张照片时要先确定主次关系，不同的照片布局会传达不一样的意思。接下来让我们看几个例子。

表现壁画之美的版式设计

■如果页面以“著名澡堂壁画画家笔下的富士山”等为主题介绍壁画作品，那么应该把壁画作为主要照片，它所占的面积也应该是最大的。这样的布局可以使壁画给读者带来强烈的视觉冲击。同时，次要照片的大小要保持一致，和主要照片之间的空隙要比它们之间的间隔大一些，这样可以更加突出主要照片。

■我们也可以在选择壁画为主要照片后再将其中一部分细节作为特写，放在旁边。这样做能在有限的页面中尽可能多地传达信息。此时，使主要和次要（特写）照片相邻排列，能清晰地表现出它们的同类关系。此外，其他几张照片要保持一致的大小和间隔放在一起。基本上，同一级别照片的大小和间隔也应该一样。

表现澡堂壁画画家的版式设计

■如果页面是以“投身于澡堂绘画的壁画家们”为宣传语来介绍画家，就可以参考左边的例子，将人物肖像作为主要照片。

表现澡堂魅力的版式设计

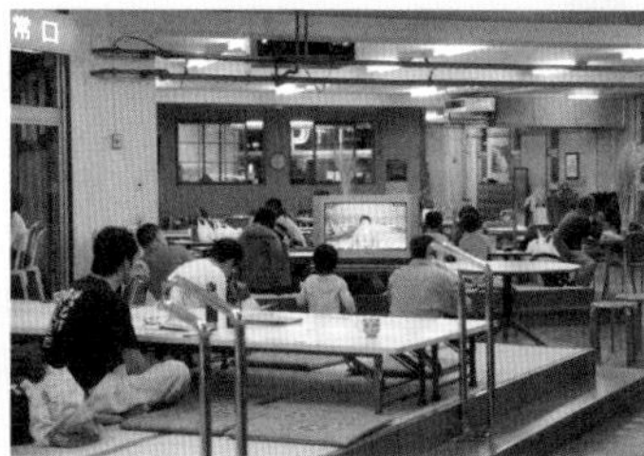

■如果页面的主题是以“魅力古都的社交场——澡堂推荐”的宣传语来介绍澡堂本身，就可以不为照片划分等级，按相同大小排列即可。这样做可以将各种信息均等地传达给读者。此时，我们要在表现手法上下工夫，比如根据文章内容调整照片的顺序、调整留白以对照片按意义进行分组等。

总 结

- ■ 处理多张照片时先确定优先顺序。
- ■ 要注意照片大小不同意义不同。
- ■ 处理 3 张以上的照片时要注意空间上的分组关系。

3 多张照片的处理方法

我们已经了解到，在处理多张照片时，其大小和布局方式直接影响它们的意义。下面我将介绍几种处理多张照片的方法。

对齐

■这里有 4 张照片。左图的照片杂乱无章，而右图的照片排列整齐、间隔一致。两者不分孰优孰劣，右侧只是通过对齐照片来表达它们是同类别的关系。

■若各张照片没有特别的意义和分类，则可以先将它们均等地排列。这样做能使照片保持整齐的状态，不会产生优劣、主次等感觉。

■比如本例中的左图，左右照片之间的空隙狭窄，上下间隔则很宽阔。如此一来，上面的两张照片就自然成了一组。而在右图这种上下靠拢、左右分开的排版中，左边的两张照片和右边的两张照片则各自成了一组。间隔的变化能使照片之间产生联系，因此我们要认识到间隔的意义。

思考照片之间的关系

■下面左图中的两张人物照片是面对面的布局，他们看起来像不像是在交谈？如果交换这两张照片的位置呢？请看右图。如此一来，说他们在对话好像不太合适，不如说是在分别介绍这两个人物，甚至会让读者感觉这两人的关系似乎不好。

■在版面中插入人物照片时，应确认人脸的朝向和视线等细节，根据页面想要传达的意思进行布局。

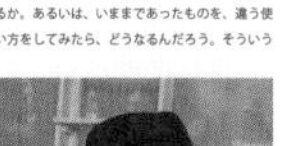

大小与时间顺序

■在有多个人物出现时（上面的左图），如果照片没有主次之分，应尽可能使他们的脸部大小一致，避免让照片形成主次关系而导致读者产生不同的印象。本例中有一个孩子的脸很小，这会让读者猜测这其中是否有什么特别的含义。因此我们需要注意这一点。

■如果照片内容有时间顺序的差别，应根据先后顺序来布局。在这种情况下，错误的顺序会使读者困惑，因此必须注意。

总 结

■ 照片对齐、不对齐有各自的意义，请充分理解并灵活运用。

■ 认真思考照片上的信息、照片之间的关系，并选择适当的排列方式。

4 照片的裁剪与去背景

有时根据页面想要传达的意图，为了使照片效果更好，设计师会对照片进行加工。下面我将介绍一下裁剪与去背景。

裁剪

■裁剪是指把照片的一部分裁下来的加工方法。在处理专业摄影师拍摄的照片时一般不会进行裁剪。裁剪需要先征得摄影师的同意。

■请看右边的照片，一个孩子背着书包走在樱花树下。假设我们已征得摄影师的同意，通过裁剪会得到怎样的效果呢?

■下面左图中的照片截取了原照片的下半部分。这时，关注点被聚焦在了孩子身上。右图则截取了原照片的上半部分，使季节的风景——樱花成了焦点。所以，不同的裁剪会使照片传达出不同的信息。

私はその人を常に先生と呼んでいた。だからここでもただ先生と書くだけで本名は打ち明けない。これは世間を憚かる遠慮というよりも、その方が私にとって自然だからである。私はその人の記憶を呼び起すごとに、すぐ「先生」といいたくなる。筆を執っても心持は同じ事である。よそよそしい頭文字などはとても使う気にならない。

私が先生と知り合いになったのは鎌倉である。その時私はまだ若々しい書生であった。暑中休暇を利用して海水浴に行った友達からぜひ来いという端書を受け取ったので、私は多少の金を工面して、出掛ける事にした。私は金の工面に二、三日を費やした。ところが私が鎌倉に着いて三日と経たないうちに、私を呼び寄せた友達は、急に国元から帰れという電報を受け取った。電報には母が病気だからと断ってあったけれども友達はそれを信じなかった。友達はかねてから国元にいる親たちに勧まない結婚を強いられていた。

焦点是背着书包的女孩

私はその人を常に先生と呼んでいた。だからここでもただ先生と書くだけで本名は打ち明けない。これは世間を憚かる遠慮というよりも、その方が私にとって自然だからである。私はその人の記憶を呼び起すごとに、すぐ「先生」といいたくなる。筆を執っても心持は同じ事である。よそよそしい頭文字などはとても使う気にならない。

私が先生と知り合いになったのは鎌倉である。その時私はまだ若々しい書生であった。暑中休暇を利用して海水浴に行った友達からぜひ来いという端書を受け取ったので、私は多少の金を工面して、出掛ける事にした。私は金の工面に二、三日を費やした。ところが私が鎌倉に着いて三日と経たないうちに、私を呼び寄せた友達は、急に国元から帰れという電報を受け取った。電報には母が病気だからと断ってあったけれども友達はそれを信じなかった。友達はかねてから国元にいる親たちに勧まない結婚を強いられていた。

焦点是盛开的樱花

这两种设计都是为了突出背着书包的女孩而对照片进行了裁剪。左侧只截取了女孩及其附近的景物，而右边则先插入原照片，紧贴边缘。右图中樱花和白花三叶草的对比极富美感，且整张插入保持了原照片完整的氛围。为了突出女孩的形象，又特意裁出女孩上半身的特写置于页面的右下方。

去背景

■去背景是指把照片中的物品、人物和建筑物等对象单独提取出来的处理手段。什么时候需要用到它呢?

■这种方法用途很广，尤其适用于需要给页面增强动感和美感的情况。在上面的例子中，左边原图包含了铁路和电车等背景。在设计时，去掉背景、加入文字后的页面更能吸引眼球，所以只需把其中的人物抠出来。

■另外，要在有限的空间中尽可能大地突出拍摄对象时，也会经常用到去背景的方法。通过去除照片中不必要的部分能增加页面中的可利用空间。

■此外，还有一个略微消极的理由，多见于照片不是为当前版式拍摄的情况。如果照片的背景或主角周围的物体效果不佳，直接使用会破坏页面的氛围，所以此时我们要将其中的干扰元素去除。

总　结

- ■ 需要强调照片中的某一部分时可以进行裁剪。
- ■ 有明确的展示目标时可以进行去背景。
- ■ 裁剪和去背景是把照片作为素材进行处理的有效方法。

5 照片与文字

处理既有照片又有文字的页面，与分别单独处理它们时的思维方式略有不同。下面就让我们来思考一下如何在版式设计中同时处理照片与文字。

同时处理照片与文字

■同时处理照片与文字时必须采用特别的方法。一页上有照片也有文字时，读者会同时看到这些信息。是要用照片来补充文字信息，还是用文字来补充照片内容呢？版面表达的目的不同，版式设计的方法也不同。

■首先了解页面要传达的内容，然后思考版式设计是“以文字阅读为中心”还是“以照片浏览为中心”，最后着手实际的布局。

照片与文字的位置关系

■下面我们将通过一个摄影展宣传单的例子来了解、分析照片与文字的关系。首先，这份宣传单的要求是使读者关注摄影展的标题和其中的照片。因此，在横排的排版方式下，在读者目光最先触及的宣传单的左上方设置了标题，并在其旁边用尽可能大的空间来放置照片。虽然读者会先看到标题，但因为照片尺寸较大，再加上文字又是黑色的，从而使照片的色彩更加醒目，标题和照片获得了相同程度的突出效果。

■再来看看文字与照片的距离。照片和文字过于接近则不便于阅读（上图），因此需留出一定的空隙。

■无论是正文还是图片说明，照片和文字之间的距离都应大于行距。

■在处理多张照片时应根据正文内容的顺序来确定照片的顺序。

在照片中嵌入文字

■请看下方左图，这是主题为“天空之耳”（空の耳）的摄影家个展宣传单。怎么样？和右图相比，它的文字是否易于阅读呢？作为摄影展核心作品的照片看起来是否美观？

■左图把文字嵌入到了照片中的水波上，这不仅影响文字阅读，也破坏了照片的美感。如果宣传单的重点是照片，那么应该像右图那样合理地利用照片上信息较少的空间来放置文字。

底色与对比度

■如果必须把文字放在照片上景物比较集中的地方时，我们可以给文字加上白色或其他颜色的底色（下方左图）。不过，加了底色的地方会遮挡照片上的景物，严重的可能会对照片造成较大的破坏。所以，在为文字添加底色时，应注意避免遮盖照片中的重要内容。

■在文字的位置调低照片的对比度可以使文字和照片的颜色产生反差，从而令文字易于阅读（下方右图）。

如果文字下方的照片内容杂乱无章，或者文字颜色与照片的对比度没有明显反差，那么读起来就比较吃力。

图片说明

■图片说明是指附在插图、照片、图表下方的简介。一般会选用比正文小的字号，而且要保证说明文字不超出插图或照片的范围。图片说明一定要从属于插图，但又要有自己的区域。

■如果有多行图片说明，应确保插图和文字间的空白部分要比图片说明文字的行距大。

■无论排版方式是竖排还是横排，图片说明的文字宽度原则上不能超出插图的宽度。文字的两端一般会与图片边缘对齐，若无法对齐，排成一个文字区块会比放任行末参差不齐好。

照片与说明文字的间隔比说明文字的行距略大一些，处理得恰到好处。

说明文字的行距过大，不协调。

照片与说明文字的间隔过小，影响文字的阅读。

文字的两端不一定要和照片边缘对齐，也可以像这样中途换行。

随文意换行会导致行末参差不齐，不推荐这种方式。

一般来说，图片说明文字不能超过照片的宽度。

多张照片的图片说明

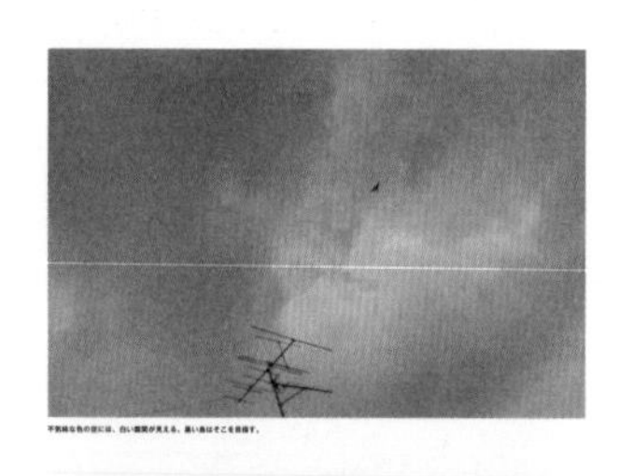

■在同一页面上处理多张照片的图片说明时也要遵循一定的原则。首先可以在每张照片附近插入各自的说明，这是一种简单、传统的方式，当遇到不知如何处理的情况时可以直接选用这种方法。此时，各段说明文字的字体和大小、照片与文字的距离要保持一致。

1. 不気味な色の空には、白い雲間が見える。黒い鳥はそこを目指す。
2. 車を郊外に走らせると、ある一体から、まるで壁のように気が林立する。
3. 久しぶりにおじいちゃんに家に帰ると、朝顔のゲートができていた。

■如果不在照片旁边插入文字，也可以在照片之外的区域，把文字说明统一放在一处。相较于说明文字紧邻照片的处理方式，这样能放大、突出照片的效果。此时需要注意的是，不要忘记给照片和图片说明设置编号，以方便读者知道它们的对应关系。

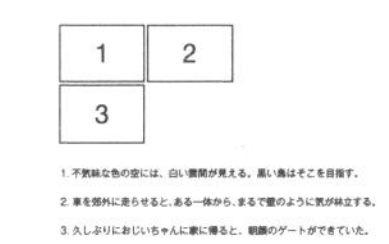

1. 不気味な色の空には、白い雲間が見える。黒い鳥はそこを目指す。
2. 車を郊外に走らせると、ある一体から、まるで壁のように気が林立する。
3. 久しぶりにおじいちゃんに家に帰ると、朝顔のゲートができていた。

■如果像左图那样不给照片设置编号，还可以在栏外（或者在卷末别的页面）画一张照片位置关系的示意图，再插入它们各自的说明。在处理图片说明时，我们要记住，改变图片说明的设置方式，会使图片的效果产生变化。

总 结

- ■ 在照片中嵌入文字时要注意其位置，以免破坏照片的效果。
- ■ 根据照片的呈现方式来调整说明文字的位置和大小。

6 照片的修正与加工

现在，越来越多的设计师会对照片进行修正、加工。下面我将介绍一些照片修正与加工中最基本的常识。

让照片焕然一新

出现色偏

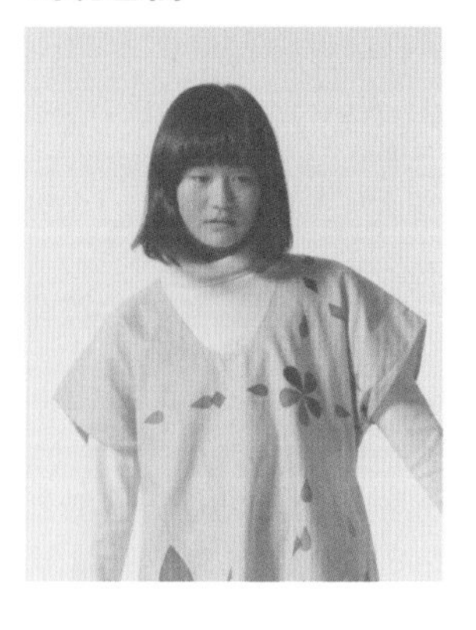

→

对比度弱

→

色彩平衡欠佳

→

■我们现在处理的照片大多都是数码相机拍摄的，如果直接用原始图片，常常会遇到颜色过于黯淡或没有达到预期效果等问题。

■这时，我们就要对图像进行“修正”。这样做的目的是改善色彩、提升清晰度或清理杂色，基本手段是运用 Photoshop 软件。提起改动图像，我们可能会联想到复杂的合成和变形等处理方法，不过这些操作属于图像“加工”，并非修正的范畴。

■图像修正包含了很多内容，下面举几个具有代表性的例子来进行说明。首先是当照片整体出现色偏时的修正，上方左侧的照片整体偏蓝，所以对其进行了修正。

■中间左侧的照片的颜色看上去不清晰，这是因为颜色的对比度较弱。此时我们可以进行的修正处理是，让颜色深的部分更深、浅的部分更浅。

■有时也会出现图像整体色彩平衡欠佳的情况。比如下方左侧的照片，这时就需要以白或灰为基准来修正颜色。

清晰度差

■有时照片看起来好像隔着一层纱，模模糊糊的，这可能是因为图像的清晰度差。用 Photoshop 为其加上锐化的滤镜，可以有效改善这种情况。

■照片整体太暗也需要进行修正，比如中间左侧的照片。此时可以用 Photoshop 里的色调曲线来修正，但必须注意，即使在最亮的部分（高光部分）也不能将 CMYK 数值设为 0。CMYK 为 0 意味着印刷时不上任何墨水，会显得非常不自然。另外，如果图像的明亮度过高，也就是发生色彩溢出，就无法修正了，必须重新拍摄。

过暗

去背景

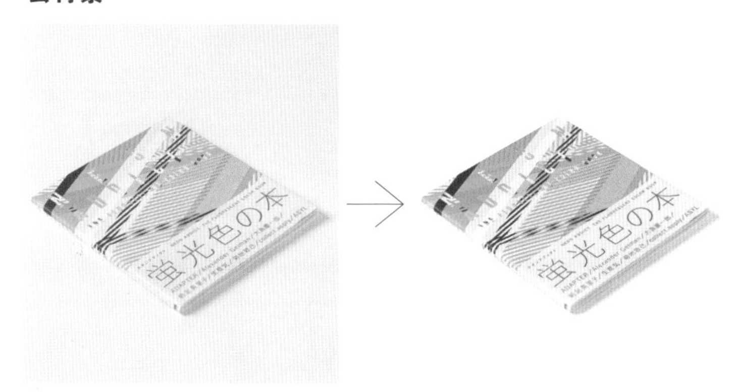

■一提到照片的加工，我们往往会联想到合成与滤镜等操作，除特殊情况外一般不会采用这些处理方式，因为这可能会破坏照片原本的状态。

■不过，去背景是版式设计中常用的操作。去除多余的背景能使版面更丰富，更具动感。

总　结

■ 在使用 Photoshop 等图像处理软件前，应设想出照片的理想状态。

■ 把手头的照片与其理想状态相比较，仔细观察，找出需要改善的地方。

7 分辨率

在制作印刷品时，必须事先理解表示图像精密度的标准——“网线数”和“分辨率”，以下是设计师必学的入门知识。

看一看

网线数

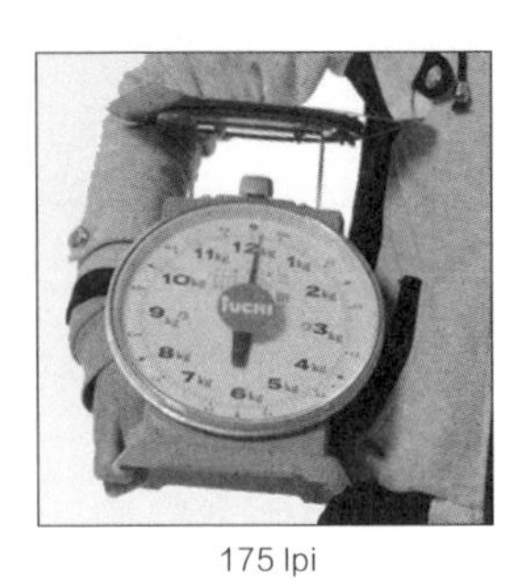
175 lpi

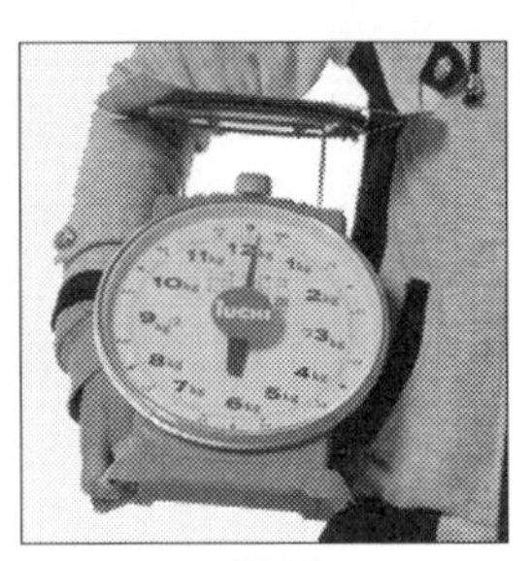
90 lpi

60 lpi

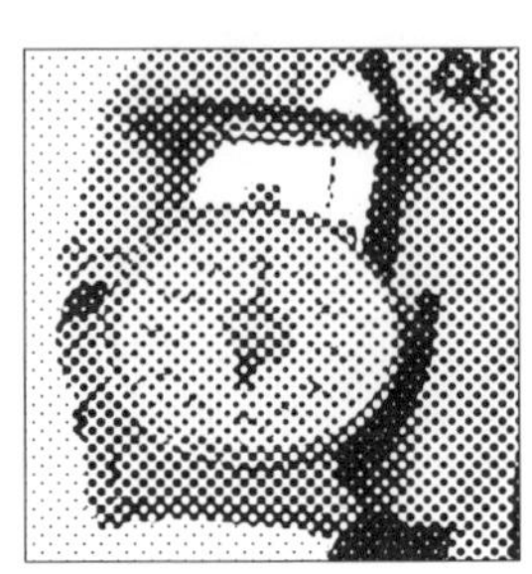
30 lpi

■“网线数”是表示印刷精度的标准，一般用“线”或“lpi”(lines per inch) 来表示。在制版阶段，要先将照片等色彩信息替换为网点，每英寸中网点的列数决定了其精度。该数值越大意味着每个网点越小，可以更加精细地表现出内容。不过，不同的印刷纸质和印刷方法大致上都有约定俗成的网线数。

■除特殊照片需要 300 lpi 以上的高精度印刷以外，一般商品目录、日历、宣传单、杂志等彩色印刷品（铜版纸等）的标准是 150 ~ 200 lpi，大多会选择 175 lpi。以文字为主的书籍、杂志（胶版纸等）的标准是 100 ~ 150 lpi，报纸（小型报纸等）的标准是 60 ~ 80 lpi。

图像分辨率

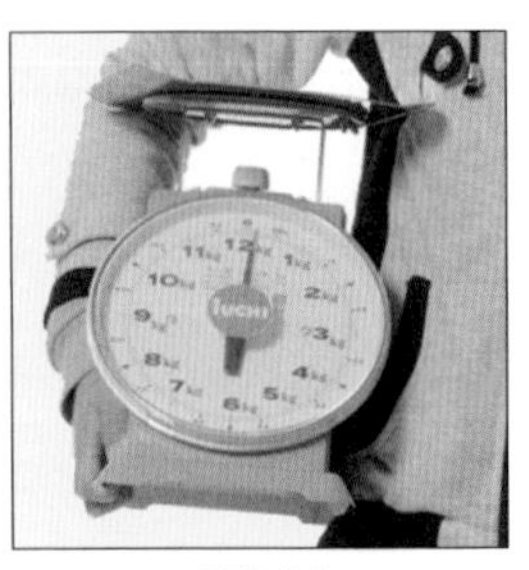
350 dpi

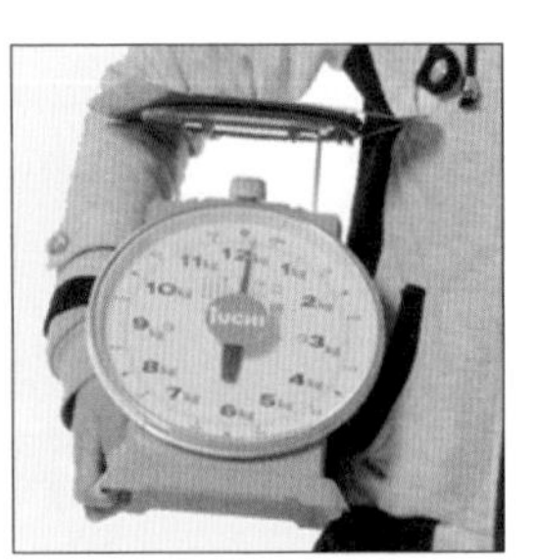
150 dpi

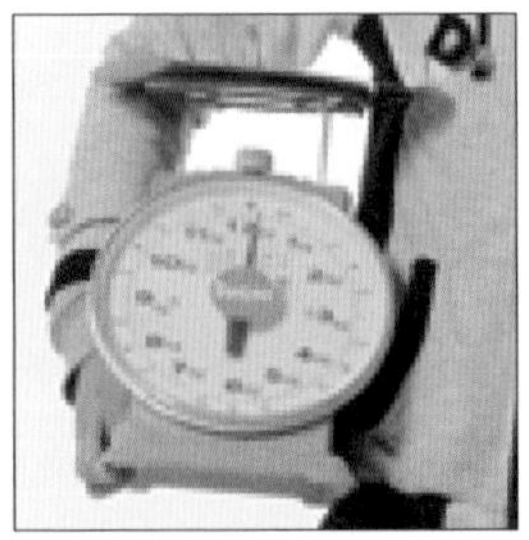
72 dpi

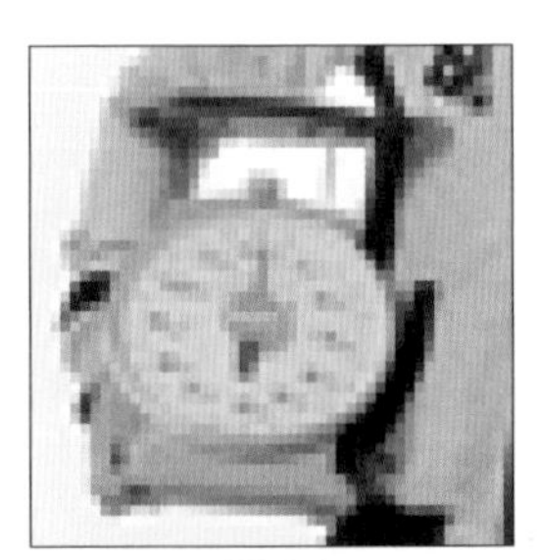
36 dpi

■图像分辨率是表示数码图像的像素密度的单位，指每英寸图像中有多少个点（像素），单位是“dpi”(dots per inch)。分辨率的数值越大图像越精细。

■图像分辨率并非越高越好，过大的文件会增加处理时间，从而降低工作效率。在设计时要选择与印刷纸质大小、显示器及其他设备适配的图像分辨率。

■如果想要印刷出精美的图像，一般的标准是“图像分辨率为印刷网线数的 2 倍”。由于现在的彩色印刷网线数大都设置为 175 lpi，所以图像的分辨率只要在实际输出尺寸下达到 350 dpi，就能制作出精美的印刷品。

■上方的 4 张照片中，最左边的分辨率是 350 dpi，这是制作广告、传单、杂志等印刷品时所需要的图像分辨率。接下来依次为 150 dpi、72 dpi、36 dpi，图像逐渐变得粗糙，并出现锯齿。

■电脑显示器和智能手机等终端中的“图像分辨率”和这里提到的图像分辨率并不相同。

大尺寸印刷品的图像分辨率

■前面提到印刷品的图像分辨率基本为 350 dpi，不过这种标准仅限于可以拿在手上近距离阅读的宣传单和杂志等。海报、广告牌等远观的大尺寸印刷品的图像则适用较低的图像分辨率。

■下图左侧的照片是在距海报 10 m 远的地方拍摄的，其中的巨幅海报尺寸为 2.4 m×3 m。这样看，海报上的图案和文字都十分清晰。然而，它的图像分辨率仅为 100 dpi，以实际尺寸（右图）来看的话，会发现它十分粗糙。对于要相隔一定距离观看的印刷品而言，把图像分辨率降低至 150 ~ 200 dpi 的程度也是足够清晰的，有些照片甚至只需 100 dpi 就足够了。我们应该避免过度提高分辨率，否则会使文件变得过大而导致工作效率降低。

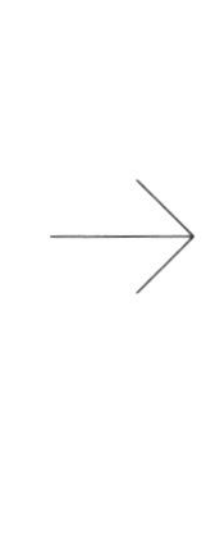

原尺寸（100 dpi）

二值图像的分辨率

■在处理图标和文字图片时，我们会选择二值图像（仅有黑和白两种颜色，连灰度都没有的黑白图像）。二值图像只有黑白两种信息，所以无法通过灰度来补充锯齿，分辨率为 350 dpi 时就会像下图那样出现锯齿。我们应将分辨率提高到 600 ~ 1200 dpi。

■有些输出器材能够做出分辨率高达 2400 dpi 的高精细度印刷品，但是我们肉眼分辨细节的能力有限，1200 dpi 的分辨率已经足够了。

1200 dpi
实际尺寸

350 dpi

1200 dpi

2400 dpi

总　结

- 分辨率即信息量，分辨率越高图像越精细，要结合媒体的特性灵活运用。
- 普通印刷时实际尺寸的分辨率基本为 350 dpi。
- 大尺寸印刷时选择 150 ~ 200 dpi 的低分辨率已足够。
- 处理二值图像时应将分辨率设置为 1200 dpi。

CHAPTER 4

第 4 章

图示、地图、表格、图表

1 易于理解的图示

对于仅靠文字难以解释清楚的内容，插入图示进行补充说明便能一目了然。下面我将介绍一下便于读者阅读并能明确传达页面意图的图示。

把文字转换成图示

■首先，把下列文字转换成图示。

购物返利活动时间为 2012 年 4 月 1 日 ~ 4 月 5 日。在此期间，消费金额达到 1000 日元以上，即可享受每满 1000 日元返利 50 日元；消费金额达到 5000 日元以上，则可享受每满 5000 日元返利 500 日元。此外，本公司的会员将享受双倍返利的特别优惠，即在以上返利活动的基础上再享受消费金额每满 1000 日元返利 50 日元，每满 5000 日元返利 500 日元。

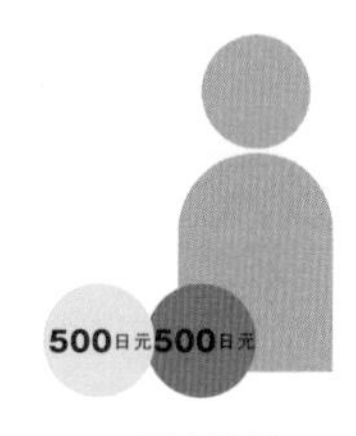

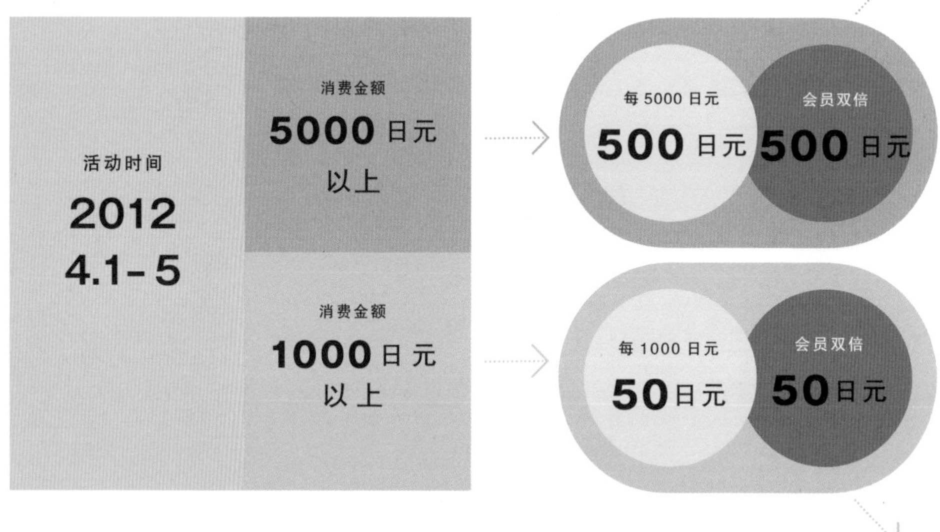

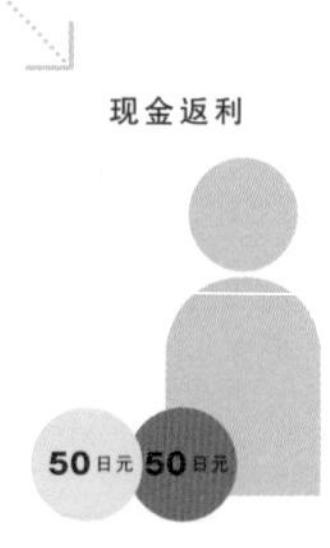

■像这样把复杂的文字内容用图来表现的方法，就叫作图示（chart、diagram）。

■我来解释一下制作该图示的思路。首先，参与同一购物返利活动要有两个前提条件，即消费金额达“1000 日元以上”和“5000 日元以上”，然后介绍一般顾客和会员优惠力度的不同，最后再次强调会员还有额外的特别优惠。图示必须使消费者能一目了然地知道自己属于哪个类别。

流程图

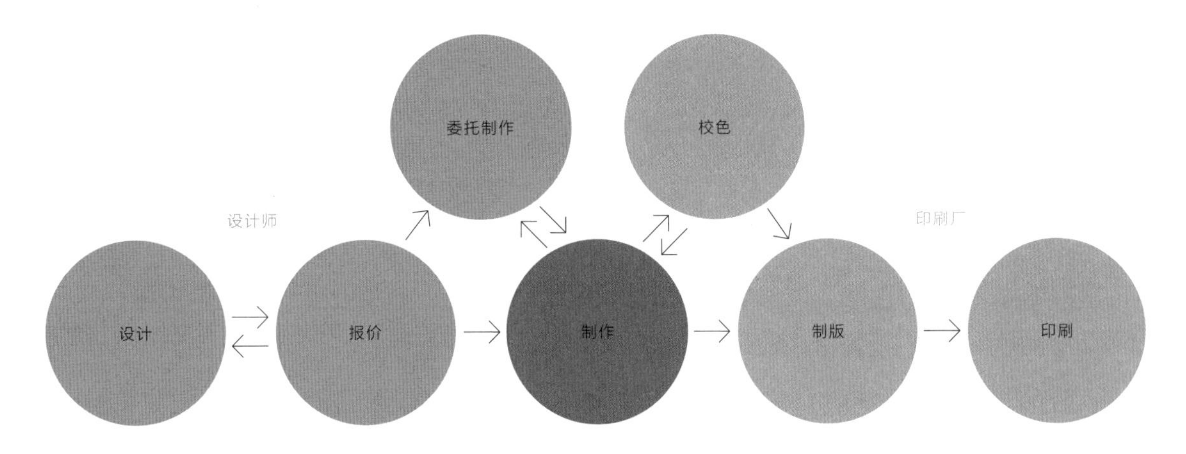

■上图是从设计师到印刷厂的工作流程图。设计师和印刷厂的职责范围分别用粉红色和淡蓝色表示，而双方重叠的部分则用紫色表示。比起大段的文字，这种图示形式能让人一目了然，快速抓住重点，所以应积极制作这类图示。

大小与形状各异的图示

这是一份对某位名人的书架中 100 本图画书的分析研究结果。其中有动物出现的共计 50 本，有昆虫出现的共计 15 本，有汽车出现的共计 30 本，有人物出现的共计 5 本。

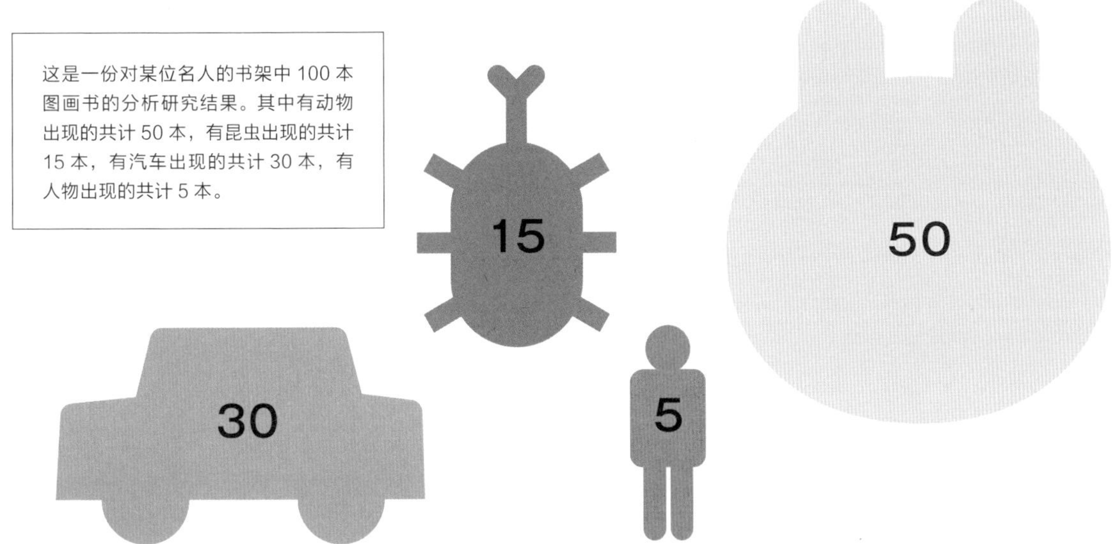

■这 4 张图是左上方文字的图示，看起来活泼易懂。有时我们也可以像这样参照要表述的对象相应地制作形状各异的图示。在这份图示中，图片大小是根据数值的比例来设定的。在制作这类图示时，应使读者在阅读的瞬间就能直观地了解数值与量，并能加以比较。

总　结

■ 思考能否将复杂的文字转换成图示。

■ 制作图示时应将流程和数值描绘得简单明了。

2 绘制地图

绘制地图时必须遵循一些规则。为了方便他人参照地图抵达目的地，我们应把地图绘制得简单易懂。

指明目的地的地图

■日常生活中，我们一般会用地图软件来查看地图。但是，排版中要求绘制简易地图的情况也不胜枚举。那么，怎样才能设计出能够让人快速找到目的地的地图呢？若想绘制一份适当省略周边信息，并能让人看后可以明确自己位置和目的地的地图，需要注意以下几点。

■首先，请看右边的地图。上面的图是在 Google 地图上标注了目的地的图片。这是一张精确的地图，但由于它的作用并非仅仅指出目的地，所以信息并未经过整理。而下图中从车站到目的地“Office A”的路线则非常清晰。

■设计师在绘制地图时经常会犯的错误是过于简化。比如“把本应弯曲的道路变成直路”“省略应该在地图上标出的道路”，等等。这些简化都会让人无法找到目的地。必须在完整保留实际地图印象的前提下，再省略多余的信息。

■绘制地图有以下 6 个要点，设计时请多加留意。

· 注意线条的粗细

· 不要把弯路改成直路

· 加入标志性参照物

· 不要过度省略

· 留意方向

· 注意标记形式

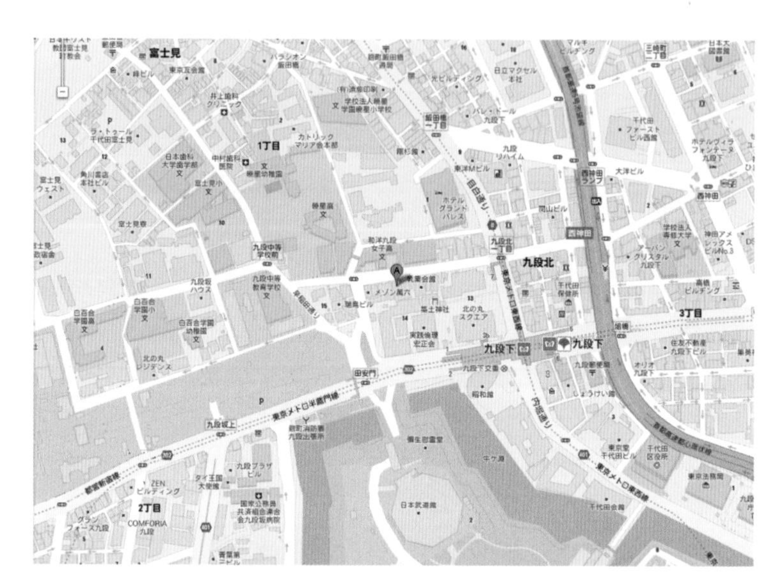

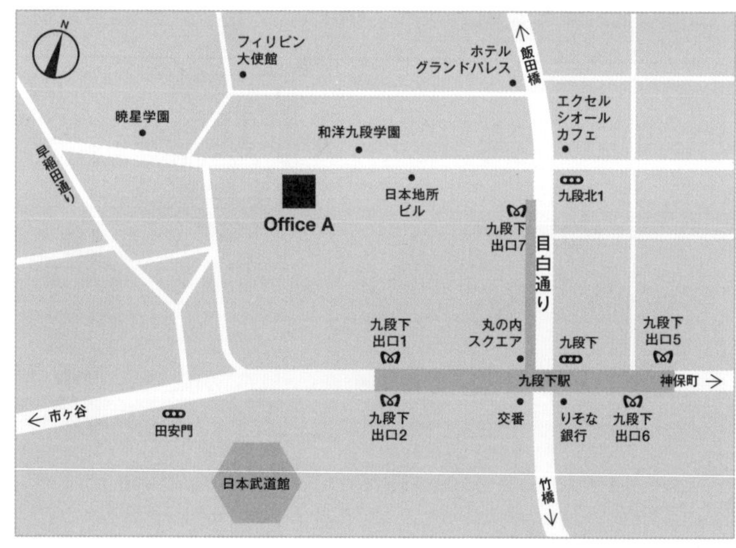

注意线条的粗细

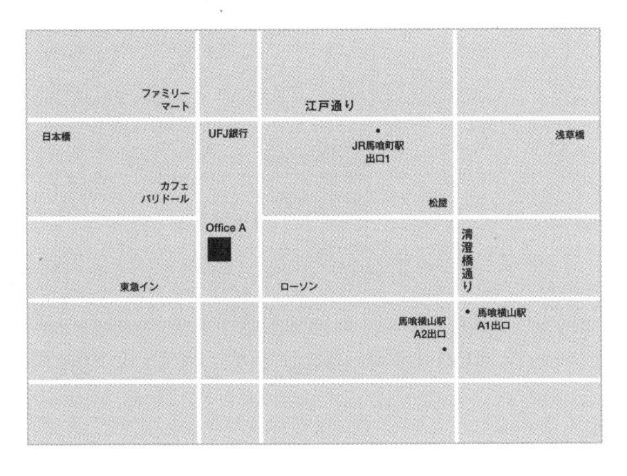

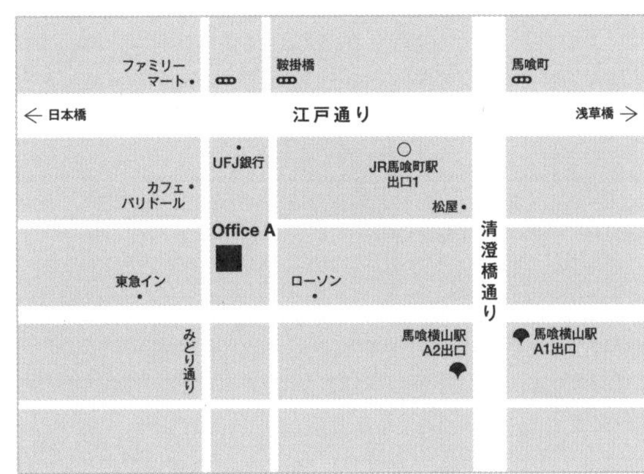

■虽然统称为道路，但主干道和狭窄小路的实际情况却大相径庭。如果绘制地图时把所有道路都画成同样粗细的话，可能会造成读者的混乱。因此，在绘制地图时，应考虑道路的宽窄，把线条的粗细分为几个等级。

■在设定线条的粗细时，不必严格遵循实际道路的比例，只要根据印象分成两三种即可，最重要的是能让人据此到达目的地。上方两张地图显示的是同一区域，右图能让人一目了然地分清大道和小路，是一张很优秀的地图。

不要把弯路改成直路

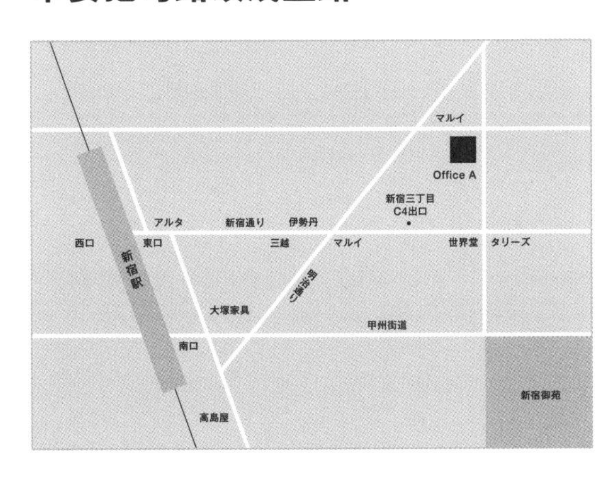

■有些设计师制作的地图线路呈棋盘状，往往令人晕头转向，无法抵达目的地。我们在制作地图时要尽量避免这种情况。

■在绘制地图时，需确定道路是弯曲的还是笔直的，要让自己的作品与实际地图接近（右图）。仔细绘制出弯曲的道路会让地图更加直观易懂。

加入标志性参照物

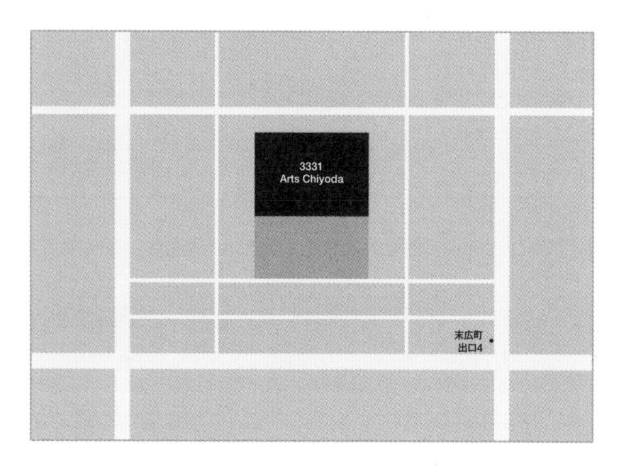

■制作地图时一定要在一些关键位置加入标志性参照物，主要是“拐角处”。在拐角处一定要标注大厦或店铺、信号灯等参照物的名称。一直在变的广告牌和不够醒目的招牌等参照物则不适合标注。

■尽可能详细地标出所有地铁出口的编号。

■有些人可能会迷路而错过目的地，如果能标出经过目的地之后的某处的标记等周边信息就更好了。

不要过度省略

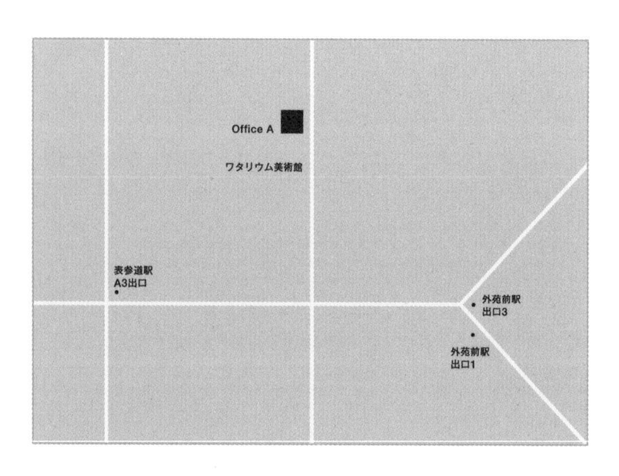

■制作地图时不能省略道路、标志性参照物等到达目的地所必要的信息。有些人会数着道路的条数寻找目的地，要是地图上少了实际存在的道路就会令他们感到困惑。“道路拐角”等也是重要的信息。

■若地图范围较大，则可以省略一些细枝末节的道路。但是，此时一定要标注拐角处的标志性参照物，并加上道路的名称。

留意方向

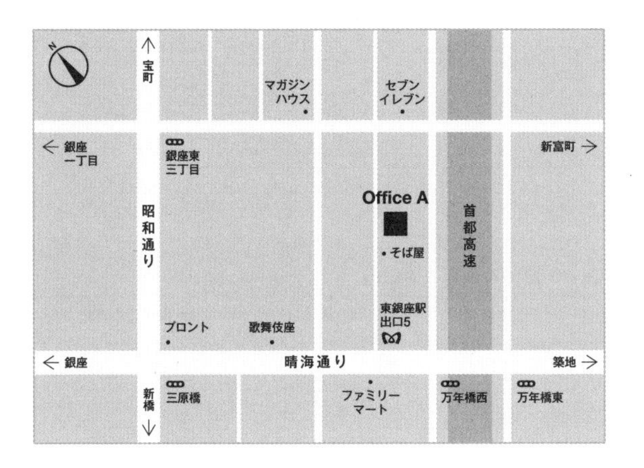

■地图的方向基本遵循“上北下南”的规则。对于如此设计的原因众说纷纭，有的说是因为北极星的位置，也有的说是因为指南针，无论如何，我们应该记住这条全世界通用的规则。

■如果“上北下南”的方向使地图不便理解，也可以将其转为合适的方向，再在地图上画出方位记号。

注意标记形式

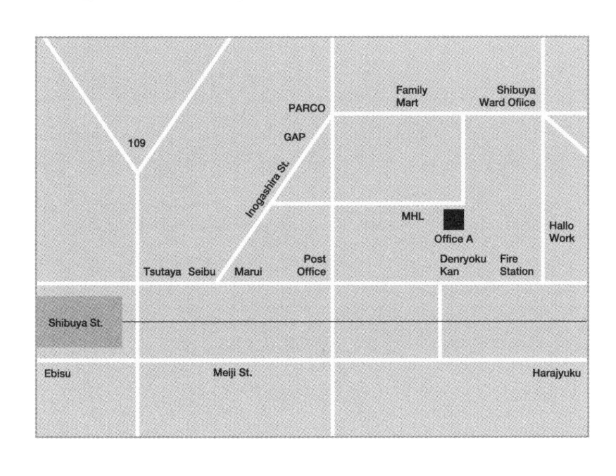

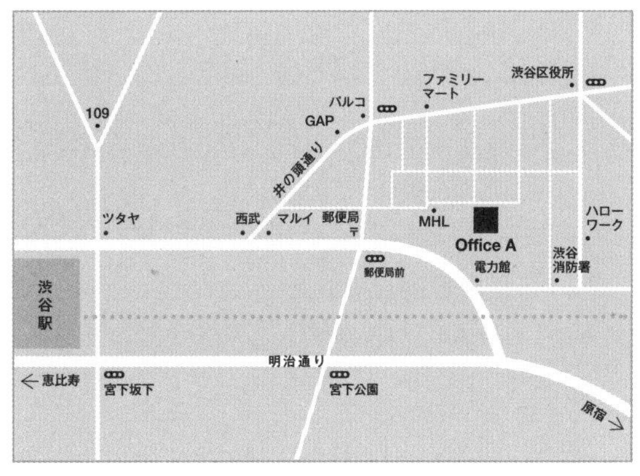

■常常有人为了版面设计风格的统一，或想让版面看起来更酷而将道路、车站和大厦等的名称全都用英文表示，我并不推荐这种做法。

■理由我已经反复说明过了，地图的作用是让使用者准确地找到目的地。因此，我们在设计地图时应先弄清地图的使用对象，再选择适合使用对象的标记形式。

总 结

- ■ 地图最重要的作用是让使用者找到目的地。
- ■ 整理信息时，应从地图使用者的角度来检验设计是否合理。

3 制作表格

表格的形式能使大量的数值一目了然。虽然我们可以用制表软件轻松制作，但在设计版式时最好还是能做出与之不同且易懂又美观的表格。

试一试

	美国	加拿大	德国	西班牙	法国	意大利	荷兰
1996	137	194	119	99	201	85	29
1997	137	169	133	78	198	83	24
1998	141	158	122	84	209	88	25
1999	134	163	132	72	194	85	28
2000	133	164	126	87	191	84	29
2001	127	142	132	70	175	80	24
2002	119	120	111	78	186	84	25
2003	132	146	101	68	173	73	24
2004	140	165	128	81	197	83	23
2005	130	164	110	49	177	81	22
2006	128	168	102	61	177	76	17
2007	150	143	102	69	164	74	16

■这是一张用制表软件做的表格。当然，它的内容简单明了，遵循了最低限度的制表规则。比如各单元格都用网格线隔开、数字的位数统一对齐。

■但是，版式设计的目的不仅限于此，还需要在删繁就简的基础上，配合页面风格，使其更为美观。

	美国	加拿大	德国	西班牙	法国	意大利	荷兰
1996	137	194	119	99	201	85	29
1997	137	169	133	78	198	83	24
1998	141	158	122	84	209	88	25
1999	134	163	132	72	194	85	28
2000	133	164	126	87	191	84	29
2001	127	142	132	70	175	80	24
2002	119	120	111	78	186	84	25
2003	132	146	101	68	173	73	24
2004	140	165	128	81	197	83	23
2005	130	164	110	49	177	81	22
2006	128	168	102	61	177	76	17
2007	150	143	102	69	164	74	16

■这是上面的表格经过修饰后的版本。

■其中的单元格并没有用网格线隔开，而是用不同的颜色进行区分，使两者的效果迥然不同。这样加工不仅使表格看起来美观，还能通过逐行的底色深浅交替变化，使读者更轻松地区分各行内容。

区分表头与内容

■表格基本上都在最上方和最左侧设置表头。乍一看就能区分表头和内容能让表格变得清晰明了。

■我们可以通过加粗划分单元格的网格线或为表头加上底色来达到这一目的。

	美国	加拿大	德国
2003	115	87	63
2004	98	182	72
2005	127	199	71
2006	72	173	102
2007	122	179	66

	美国	加拿大	德国
2003	115	87	63
2004	98	182	72
2005	127	199	71
2006	72	173	102
2007	122	179	66

	美国	加拿大	德国
2003	115	87	63
2004	98	182	72
2005	127	199	71
2006	72	173	102
2007	122	179	66

使内容便于理解

■用文字来表述所有数值非常不好理解，而用表格则能方便读者阅读和理解。因此表格最重要的一点就是要简单易懂。

■为此我们必须动动脑筋，比如为表格的行或列加上颜色，使读者在比较数值时不会看错单元格。

	美国	加拿大	合计
2003	115	87	63
2004	98	182	72
2005	127	199	71
2006	72	173	102
2007	122	179	66

		美国	加拿大	合计
2003	上	115	87	379
	下	110	67	
2004	上	102	182	560
	下	98	178	
2005	上	126	199	654
	下	127	202	
2006	上	89	173	488
	下	72	154	
2007	上	122	179	596
	下	112	183	

		美国	加拿大	合计
2003	上	115	87	379
	下	110	67	
2004	上	102	182	560
	下	98	178	
2005	上	126	199	654
	下	127	202	
2006	上	89	173	488
	下	72	154	
2007	上	122	179	596
	下	112	183	

对齐数字位数

	美国	加拿大	德国
2003	115.02	86.88	62.67
2004	97.90	182.32	72.40
2005	126.77	199.10	71.22
2006	72.10	172.43	101.69
2007	121.94	178.79	65.60

■表格里的数值都是有意义的，设计表格时必须使读者能清晰地辨认出它们。因此，在制作表格时要使各单元格中小数点的位置和数字的位数统一对齐。

总 结

■ 明确区分表格的表头和内容，用交替的底色来对各行、各列进行归类，使表格便于理解。

4 制作图表

图表能使要传达的内容更直观。下面让我们来学习一下使各种图表便于理解并给人留下印象的版式设计方法。

图表的种类

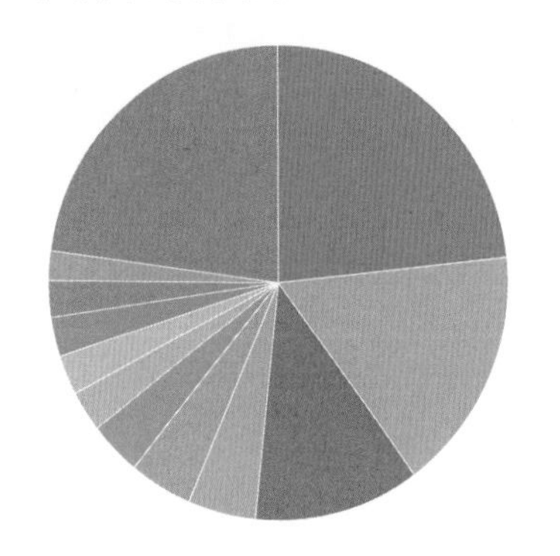

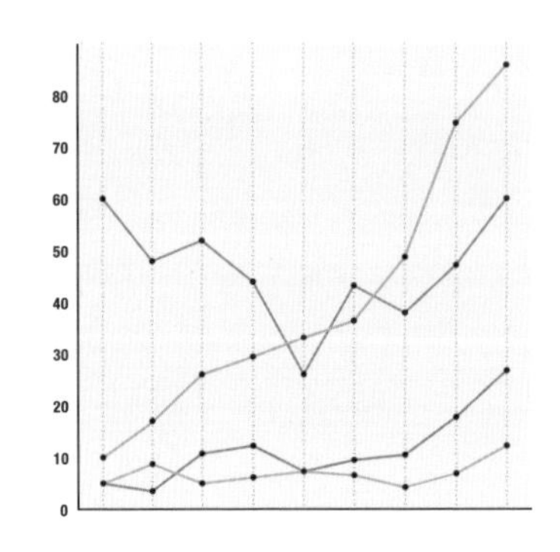

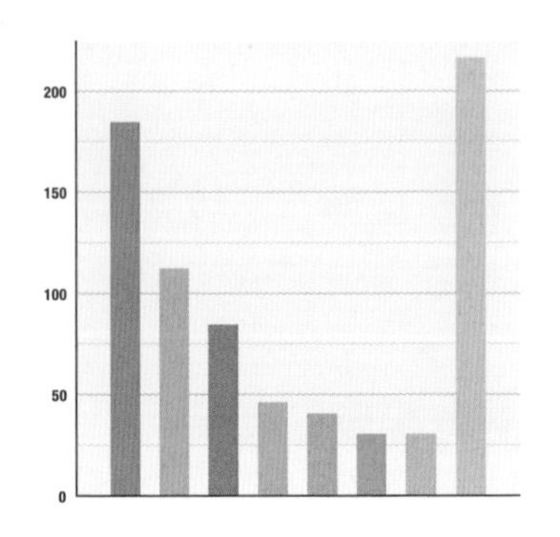

■图表是一种直观的信息图。在比较数量随时间变化、大小关系和比例时，图表比单纯通过文字和数值来表达更具视觉冲击力。

■图表分为以下几种类型：将圆形面积设为 100%，将比较对象按比例分成若干扇形面积的“饼图”；以长方形的长度表示数值，对两个以上的值进行比较的“柱状图”；把表示数量的点依次连接成折线，以表示数量值的“折线图”。我们要根据比较的对象和想要传达的信息来确定图表的类型。

用于图表的颜色

■由于图表是一种视觉感染力较强的信息图，因此要选择容易分辨的颜色，以使读者通过第一印象就能进行比较。图表使用的颜色种类应尽可能少一些，避免因颜色过多而造成阅读困难。此外，还要注意图表选用的颜色要和版面中其他元素所使用的颜色、照片等保持整体统一的色调。

■下面我来介绍几个例子。我们可以选用同一色系的颜色使图表整体保持统一，然后对需要强调的部分使用特别的颜色进行区分。无论如何都必须使用多种颜色时，保持同样的色彩纯度会显得更加美观。如果需要突出其中的某一项，还可以单独修改它的颜色。

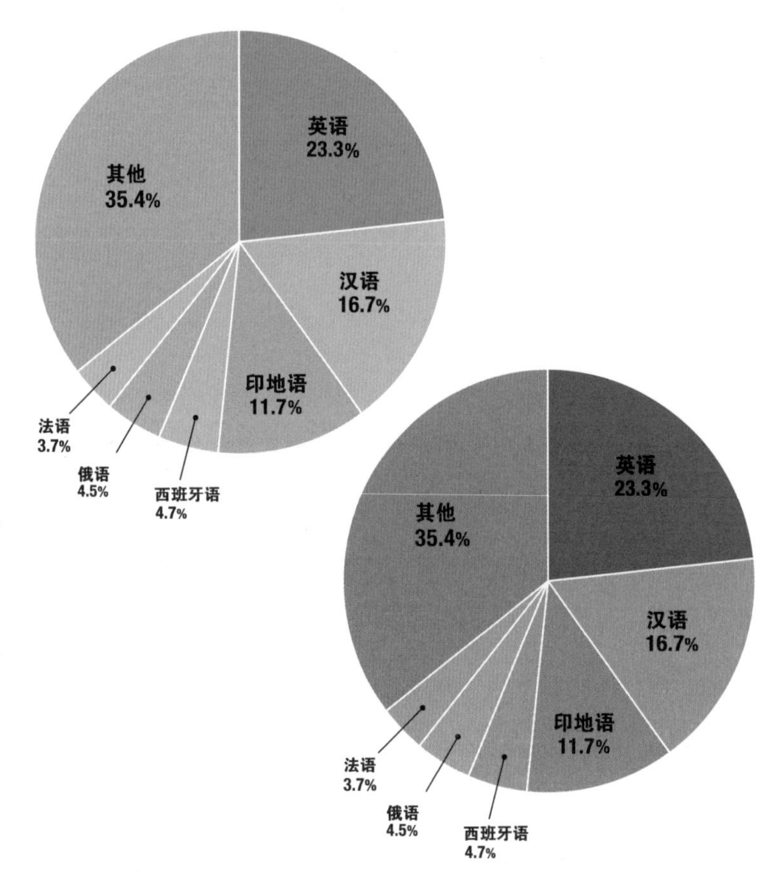

饼图的基本常识

■饼图是指将一个圆形分割成若干个扇形后，通过这些面积（或圆心角、弧长）的比例来表现某些数值的图表。所有数值聚拢在一起会形成一个完整的圆。

■图表数字应选择清晰明了的字体，日语和西文可分别选择黑体和无衬线字体。

■数值由大到小按顺时针方向排列。如果用“其他”来表示剩余的数值，即使该数值较大也应该放在最后。

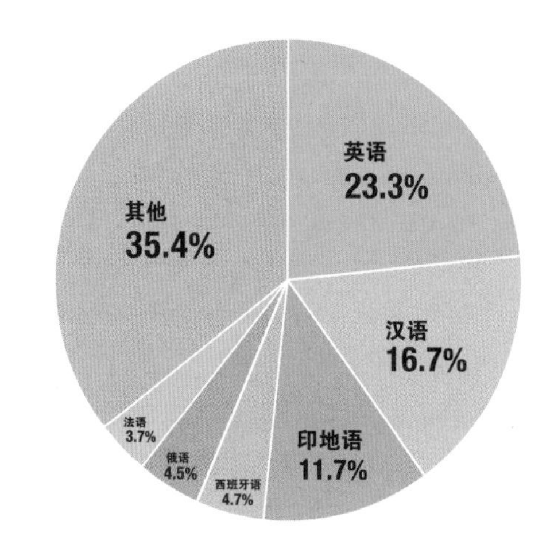

饼图的文字处理

■图表中的数字应略大于文字和符号，使读者能快速地比较数值。

■饼图中的数字一般不能超出各自的区域，但空间过于狭窄时可以放在图表外，此时应用延长线来指明它们的区域。

■如果饼图中有多个数字超出了区域，应按照右图的方式尽量统一数字位数、指示线角度、数字间隔及文字位置等。

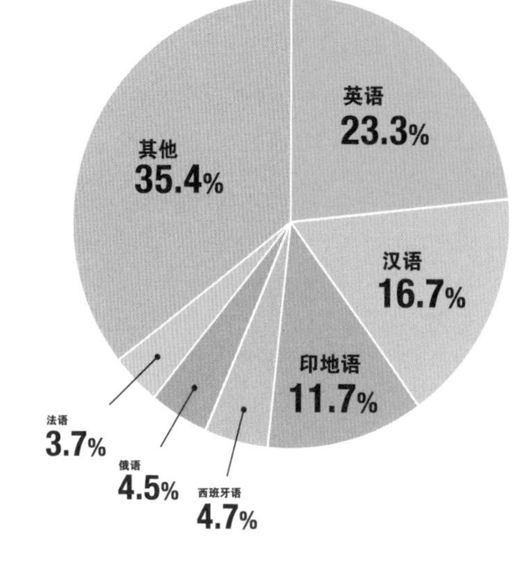

注明总数的情况

■饼图的作用是对合计为 100% 的各比例加以分析比较，一般不会注明数值总数。如需注明总数时，可像右下图那样把总数写在圆心处。

强调个别项目的情况

■如果需要单独拿出饼图的一部分对其比例或数值进行点评，可以将这一部分提取出来。举例来说，在“最喜爱的比萨”的调查问卷中，如果想强调回答人数最多的选项，就可以把这一部分扇形单独提取出来。

■根据企划内容，设计师有时也会用比萨和蛋糕等圆形概念图来制作富有童趣的饼图。

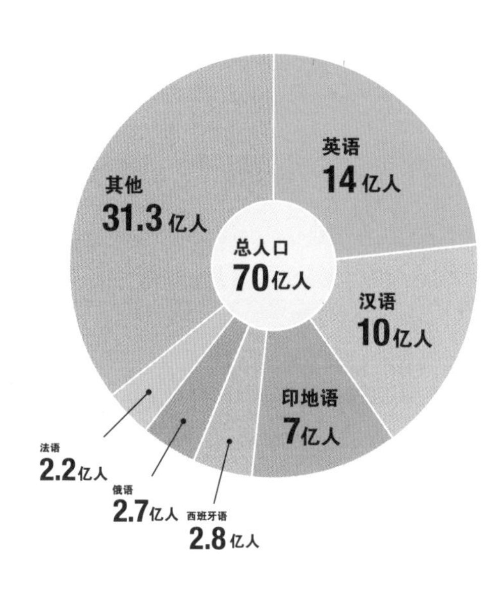

柱状图的基本常识

■柱状图是指以长方形的长度表示数值且要对两个以上的值进行比较的图表。纵轴表示数值，横轴表示类别（右图中的国名）。如果横轴比较的是时间变化，就插入时刻、年月日等详细信息。

■请看右边最上方的柱状图，其数字不够醒目，难以对数值进行比较（反面例子）。

■要使图表的数值给读者留下清晰的印象，可以像右边第二张图那样在背景中画上纵轴数值的分割线。如果想让图表的数值一目了然，就要把数值标在长方形的上方。

■在用柱状图表示不同地区的谷物、蔬菜产量或人口数量时，还可以把柱状图和地图结合起来表示。

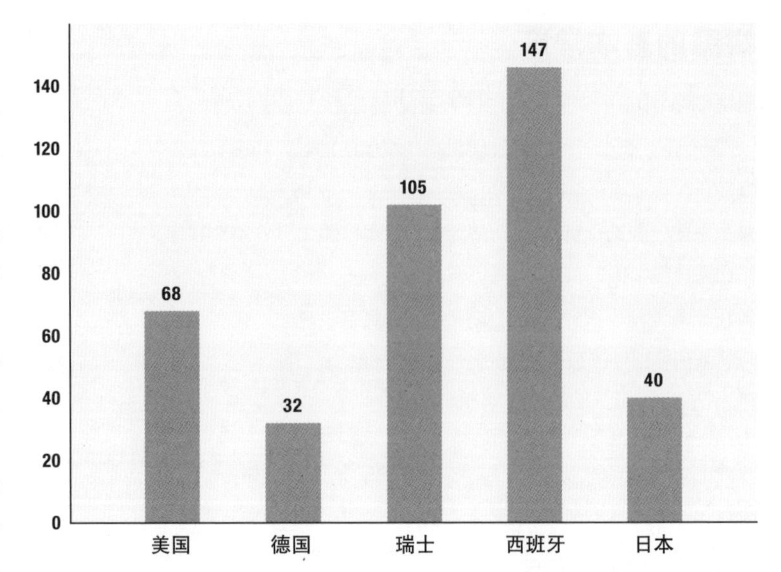

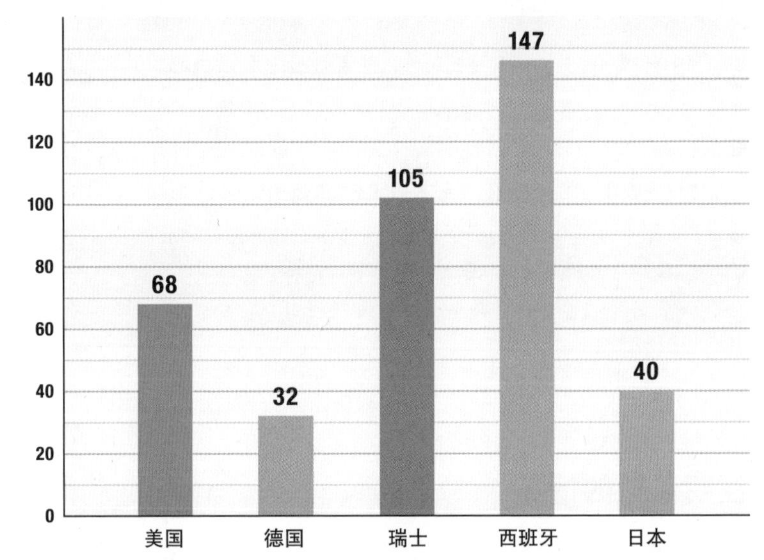

堆积柱状图

■在按时间顺序比较不同种类数值的总和或按时间顺序比较数值在整体中所占的比重时，堆积柱状图的作用立竿见影。

■对各个信息类别使用不同的颜色以作区分，并用线来连接各数值的顶点，从而比较它们随着时间的推移产生了怎样的变化。

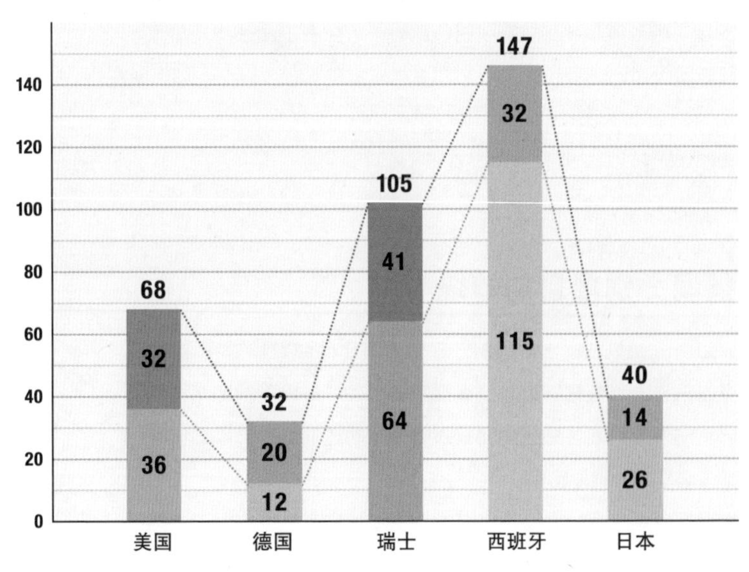

折线图的基本常识

■折线图是指将表示纵轴和横轴两项数量值的点依次连接而形成的折线状的图表，适合用来读取各类数值的变化和推进。大部分折线图的纵轴为数量值，横轴为时间。

■折线图将基于数据绘出的点连成线，使点与点之间的变化直观可见。

■如果折线图中包含多种信息，还可以用同种线、不同色的方法来加以区别，并在图表之外注明各类信息的名称。

■有时也可以用“面”来表现折线的推进，从而以堆积图表的形式来展示各类数据（右下图）。

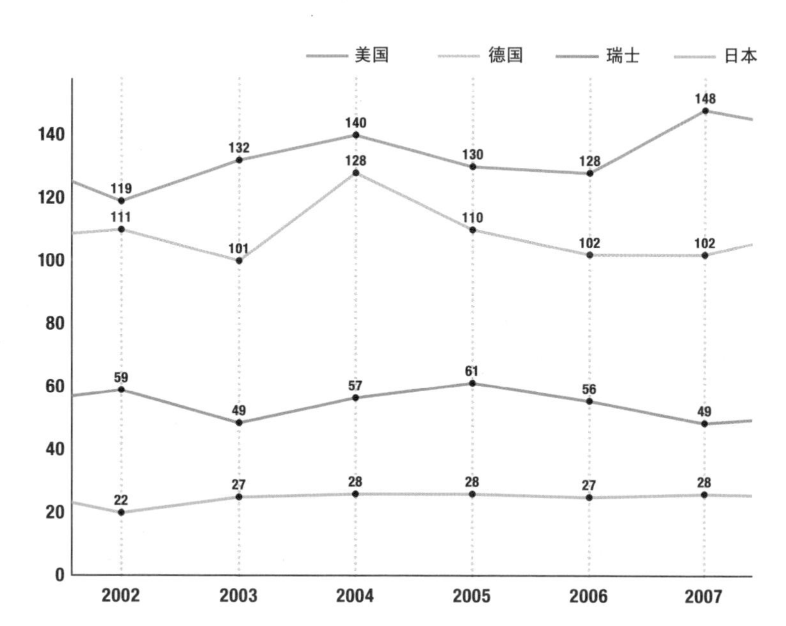

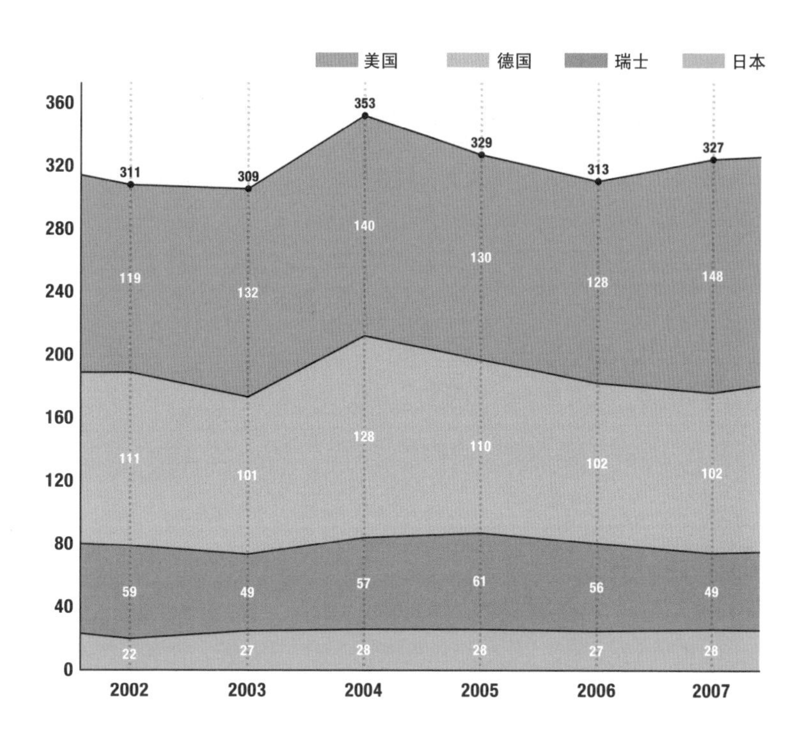

总结

■ 根据要表达的内容选择合适的图表。

■ 要在图表中标注一目了然的比较数值。

CHAPTER 5

第5章

颜色的选择与搭配

1 颜色的种类

世间万物都有颜色，照片和插图也不例外。我们在设计版式时必须思考“颜色”的因素，并了解和用好它们。

颜色的基本常识

■“颜色”是指从物体上反射的光进入眼睛后的波长，它放射出红、橙、黄、绿、蓝、靛、紫这彩虹般的连续结构（光谱），大脑通过分析这些波长的长短来识别各种颜色。自然界中存在无数种颜色，我们主要通过“光学三原色”（RGB）和“色彩三原色”（CMY）两种方式最大限度地再现各种颜色。

■右上图显示的是光学三原色。原理是以红色（Red）、绿色（Green）、蓝色（Blue）三种光的颜色为基础进行各种组合，继而再现丰富多彩的颜色。我们平时使用的电脑显示器就是以这种原理来再现颜色的。

■下图显示的是色彩三原色。原理是通过青色（Cyan）、品红色（Magenta）、黄色（Yellow）这三种颜色的组合来表现所有颜色，通常用于颜料和印刷领域。将这三种颜色重叠可以得到近似于黑的效果，但很难得到纯黑色，因此在印刷中通常还要用到黑色油墨（K）。

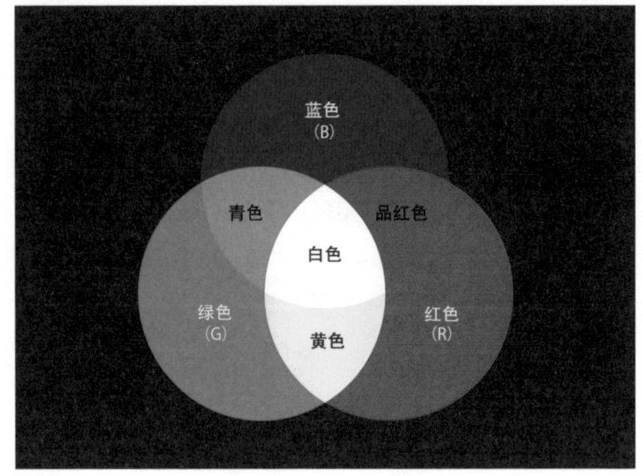

RGB

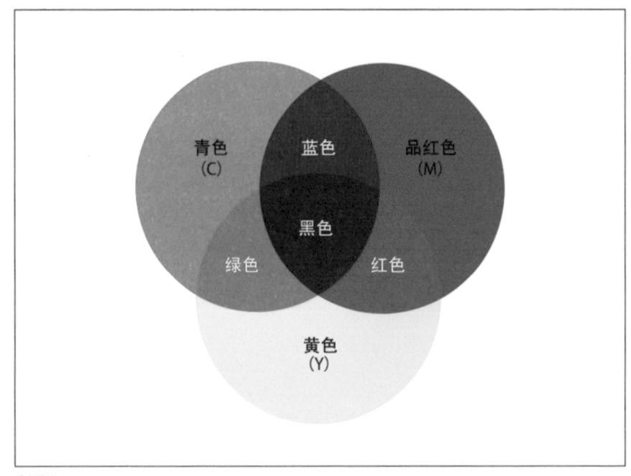

CMY

饱和度

■饱和度是表示色彩的“鲜艳程度”的标准。饱和度越高越接近原色，最高程度则为纯色；相反，最低程度则为无色（黑、白、灰）。

■单色照片（monochrome）是以单色及其深浅来表现图片和照片的，其实就是将它们的色彩饱和度调到零的状态。

■请看右图，上面的彩图转换成了下面的单色图。可以看到，将原来的青色（C100%）的饱和度降为零后，黑色显示为K59%。同理，Y100%对应的是K10%，C100% M100%对应的是K91%。这就是为什么蓝色看上去浓，而黄色看上去淡的原因。

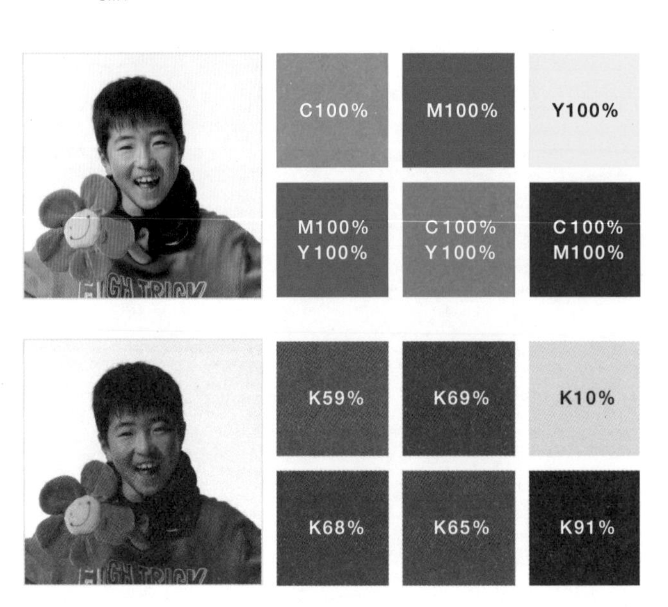

色相

■色相是指红、黄、绿、蓝、紫等色彩所呈现出来的质的面貌，是色彩彼此之间相互区别的标志。所有色彩都是通过油墨或光的组合得以模拟再现的。

■上方图片是 RGB 的混色。在大家使用的电脑显示器中，RGB 的每种颜色各自分为 256 级，用 0 ~ 255 之间的数值表示，能再现约 1678 万（256 的 3 次方）种颜色。比如要表现近似于“蓝紫色”的颜色，就可以将数值设定为 R0、G0、B255。它的原理是以简便的数值来尽量模拟出自然界中不计其数的颜色。

■下方图片是 CMY 的混色。这是将 CMY 每种颜色的最大值设定为 100 的混色方法，中心处的白色部分可以用 C0、M0、Y0 表现，而绿色部分则可用 C100、Y100 来表现。

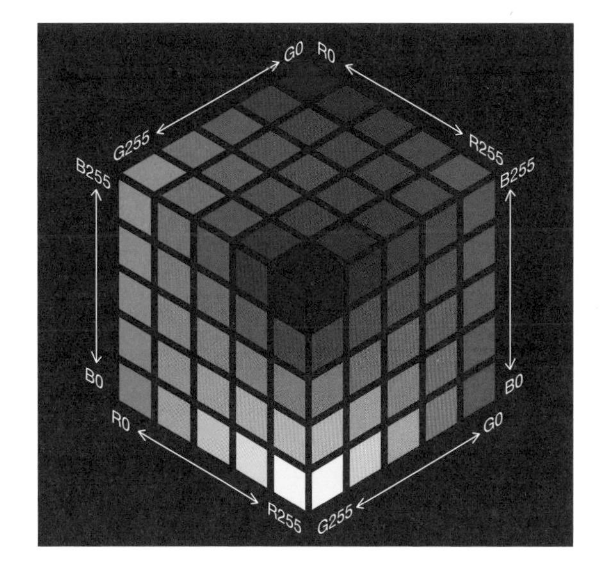

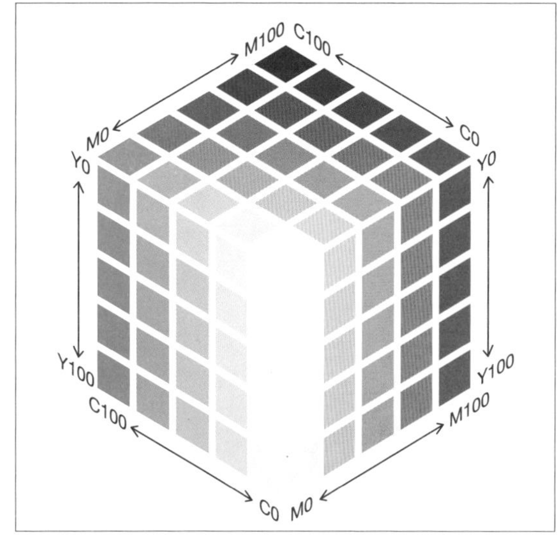

明度

■明度是表现色彩明暗程度的标准，明度 100% 即为白色，0% 为黑色。

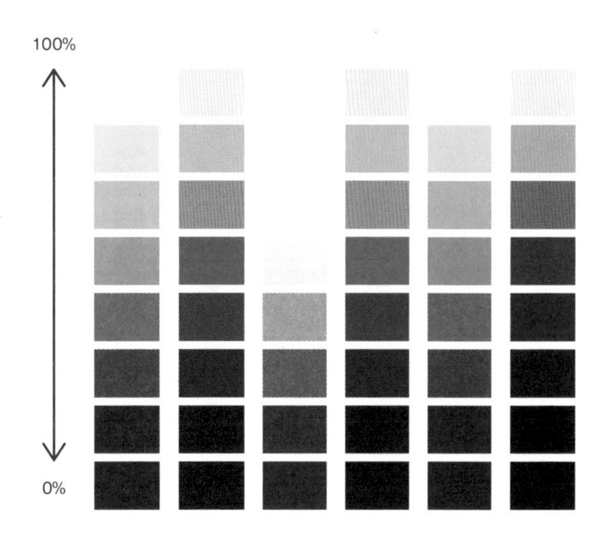

中间色

■中间色是指位于主要原色之间的颜色，包括 CMY 混合后的颜色和混合了无色的原色。

■自然界中的颜色原本就是无限的，我们要做的是在印刷品和显示器中尽可能模拟出与之接近的颜色。

■如下表所示，通过 CMY 和 K 的组合，能得到非常丰富的颜色。面对颜色的问题时，最好能将它转换成 CMYK 来思考。

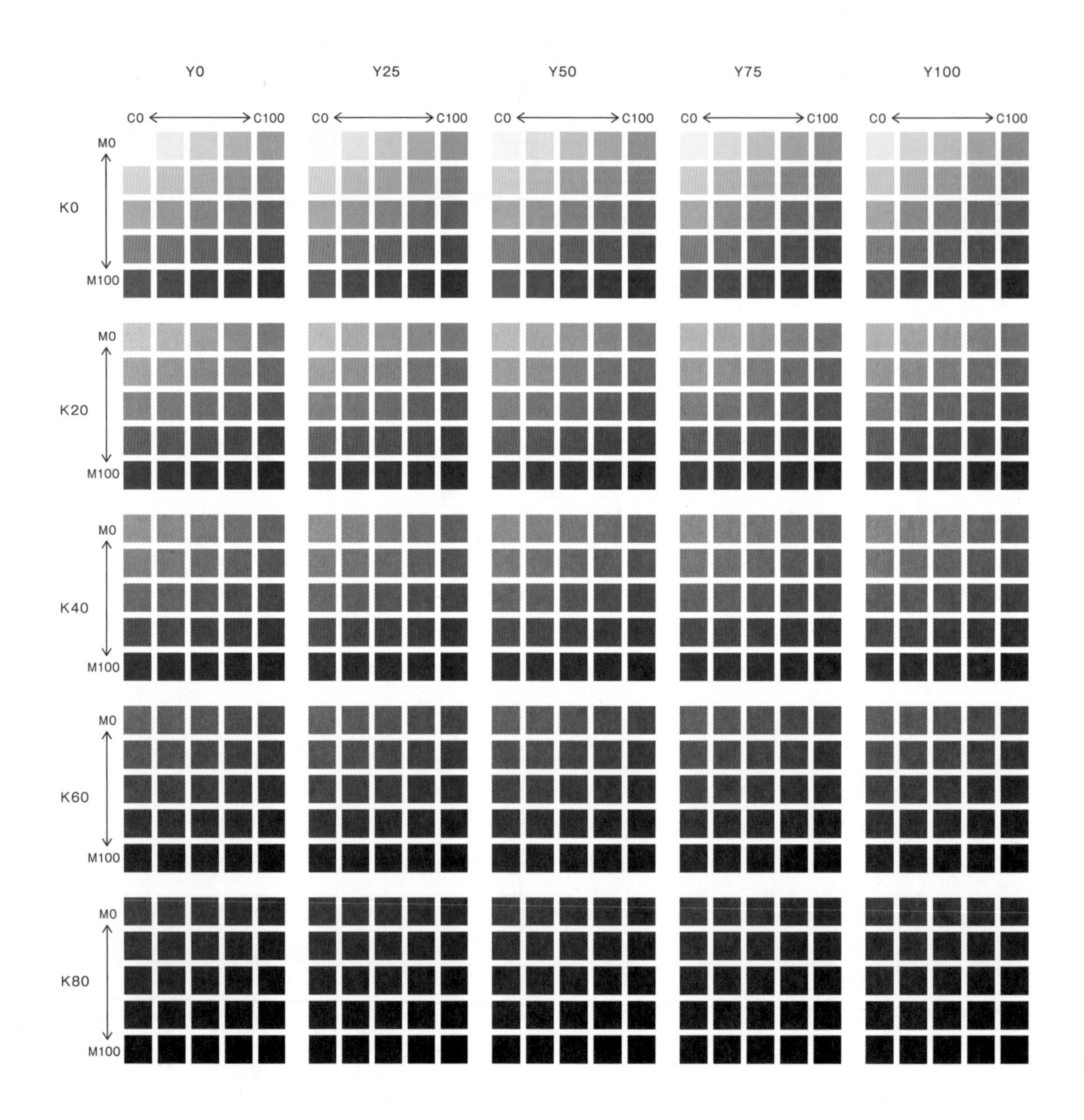

常用的颜色

■我在前面提到 CMYK 几乎可以组合出所有色彩，那么常见的颜色是如何组合而成的呢?

■在印刷品中常用的最接近红色的大红色可以用 M100 + Y100 这组数值来表现。橙色为 M50 + Y100，蓝色为 C100 + M50，炭灰色为 C5 + Y15 + K80，灰色为 K70。

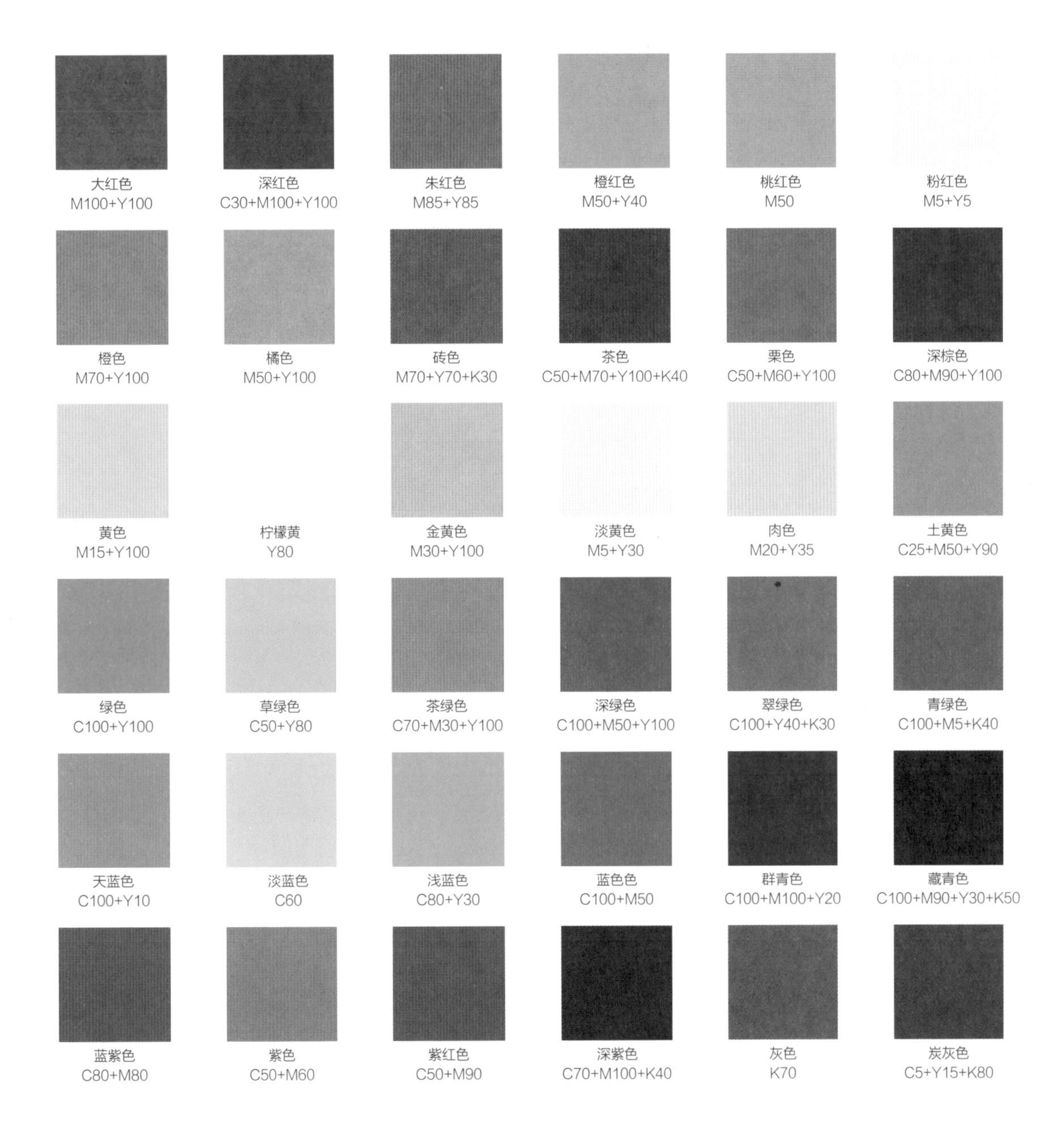

总　结

■ 颜色具有三个特性，即色相、明度和饱和度。

■ 通过 CMYK 的组合可以表现出各种颜色。

2 印刷用色

印刷用色包括用 CMYK 和特制油墨表现的颜色。下面让我们来看看印刷中使用的颜色。

印刷色与专色

■我在前面介绍了 CMYK 几乎能再现所有的颜色，我们在印刷中会组合 CMYK 油墨来表现照片、文字和图片的颜色。这四种颜色叫作“印刷色”。

■相对的，对于 CMYK 印刷色无法表现的颜色，如金色、银色、珍珠色、荧光色等，就需要用到特定的油墨，这些颜色被统称为“专色”。

■在进行专色印刷时，可以通过右图的颜色样本（色卡）来指定油墨的颜色。日本的 DIC 和美国的 PANTONE 等油墨生产商都生产有名的专色油墨。

各种金色的色卡

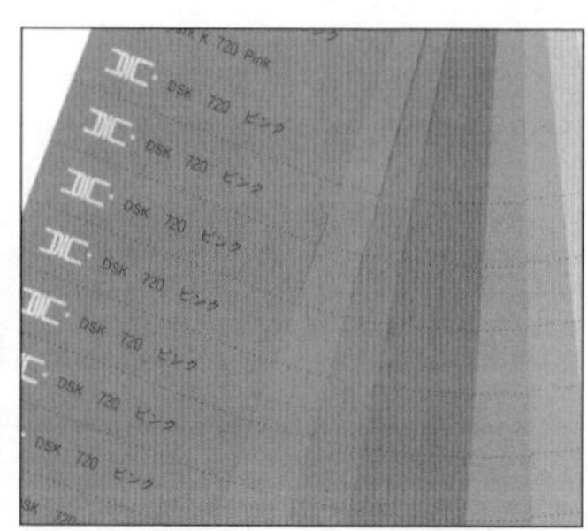

常规 DIC 色彩指南

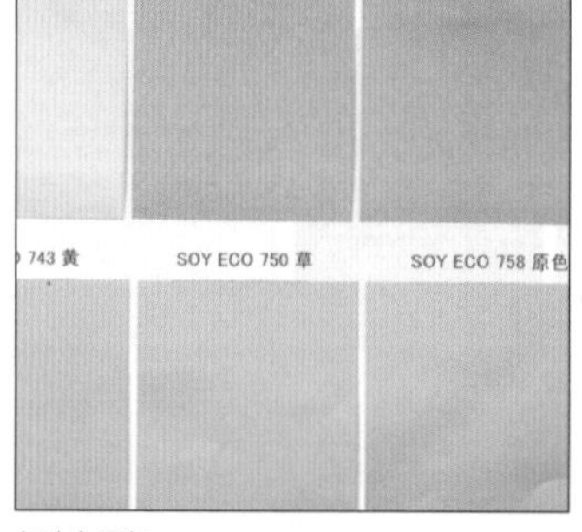

各种金属色

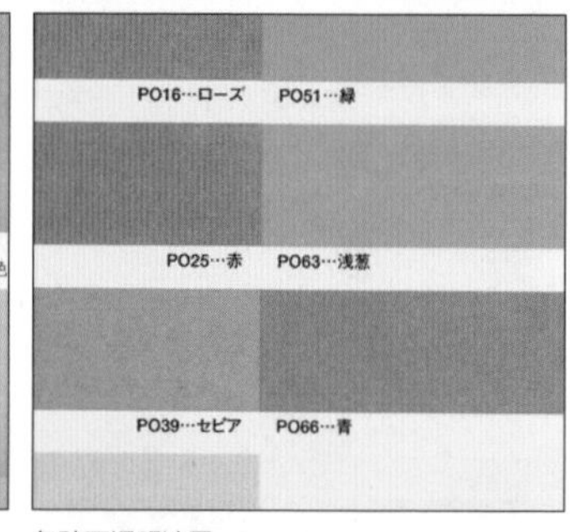

各种不透明油墨

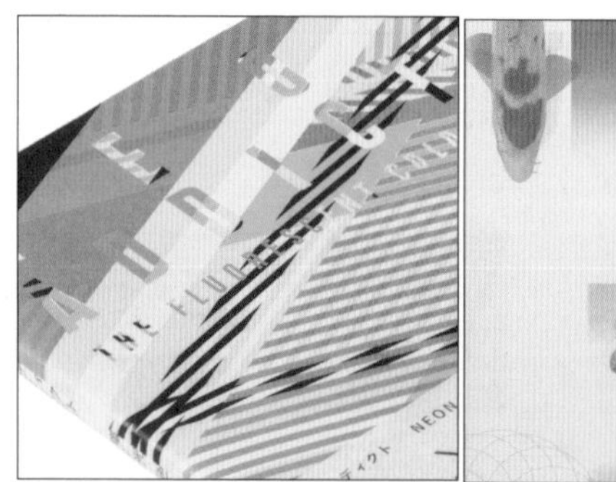

图中的书籍运用了 CMYK 无法表现的“荧光色”，效果比通常的 CMYK 要鲜艳得多。

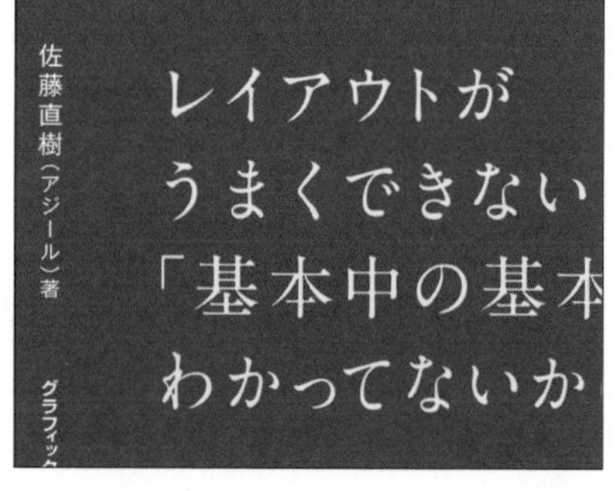

本书日文版的腰封也是用两种专色印刷的，分别为 Pantone 的 803C 和 Rubine Red。黄色部分略带荧光感，这是 CMYK 无法实现的。

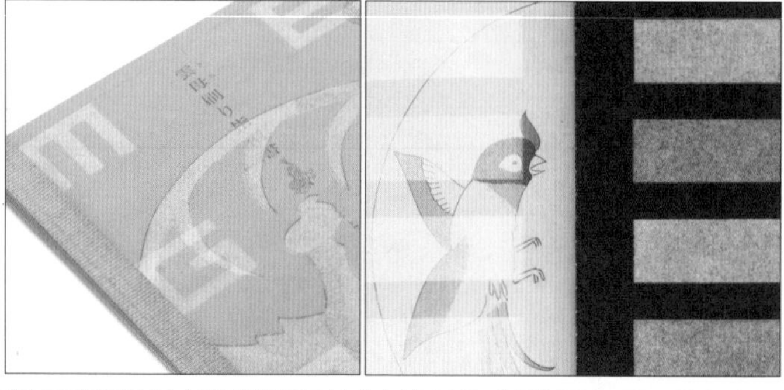

珍珠色和偏光珍珠色（会因光线的强弱而变色的珍珠色）也都无法通过 CMYK 再现，只能选用专色。

用白色不透明油墨印刷的牛皮纸封面，其白色也是典型的 CMYK 无法表现的颜色。

黑色的表现

■我们已经说过在印刷中表现“黑色”时要用到K，而如果想表现比K100%更深的黑色时可以在K100%的基础上加入CMY来印刷。这种加深的黑色叫作“混合黑”。

■由于混合黑是在通常的油墨中再加油墨，所以具有不易干的缺点，可能会影响到印刷品质。在指定的印刷中，要将CMYK的总量控制在320%以下。

■套印出现错位时可能会露出色板，所以要尽量避免在笔画纤细的文字上使用混合黑。

■在表现明度低的颜色时，分为使用CMY的混合色和单用K两种情况。由于它们再现颜色的效果不同，指定颜色时应注意区分选用。

K100%

「ではみなさんは、そういうふうに川だとわれたり、乳

「ではみなさんは、そういうふうに川だとわれたり、乳の

「ではみなさんは、そういうふうに川だとわれたり、乳の流

「ではみなさんは、そういうふうに川だとわれたり、乳

「ではみなさんは、そういうふうに川だとわれたり、乳の

「ではみなさんは、そういうふうに川だとわれたり、乳の流

使用黑色降低明度≈使用CMY降低明度

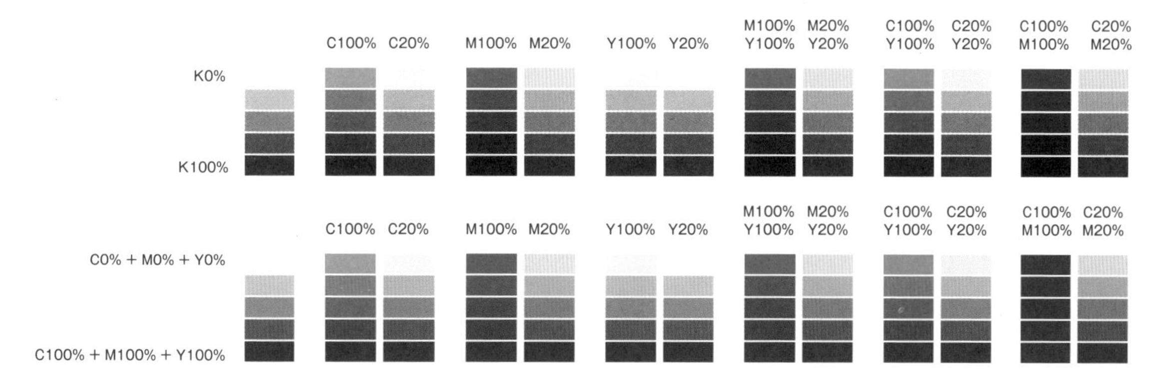

总 结

■ 印刷用色分印刷色和专色。

■ 在印刷中表现黑色时可以考虑使用混合黑。

3 颜色的印象

颜色会给我们温暖、冰冷、艳丽、朴素等印象，我们要灵活运用颜色的印象来进行版式设计。

对立的印象

■每种颜色都拥有各自的印象。比如我们一般认为红色是暖的，而蓝色是冷的。像这样，人们会因颜色产生联想或受到心理影响。在无数种色彩中寻找要用的颜色时不应盲目选择，而要参考颜色所拥有的印象。

■下面列出了几组印象对立的颜色。在“强硬 VS 柔和”中，饱和度和纯度高的颜色显得强硬，饱和度低的颜色显得柔和；在“热闹 VS 安静”中，接近红色、橙色和黄色的颜色会给人热闹的印象，而接近蓝色和紫色的颜色则给人安静的感觉。在设计版式时我们要顾及颜色的印象来加以选择。

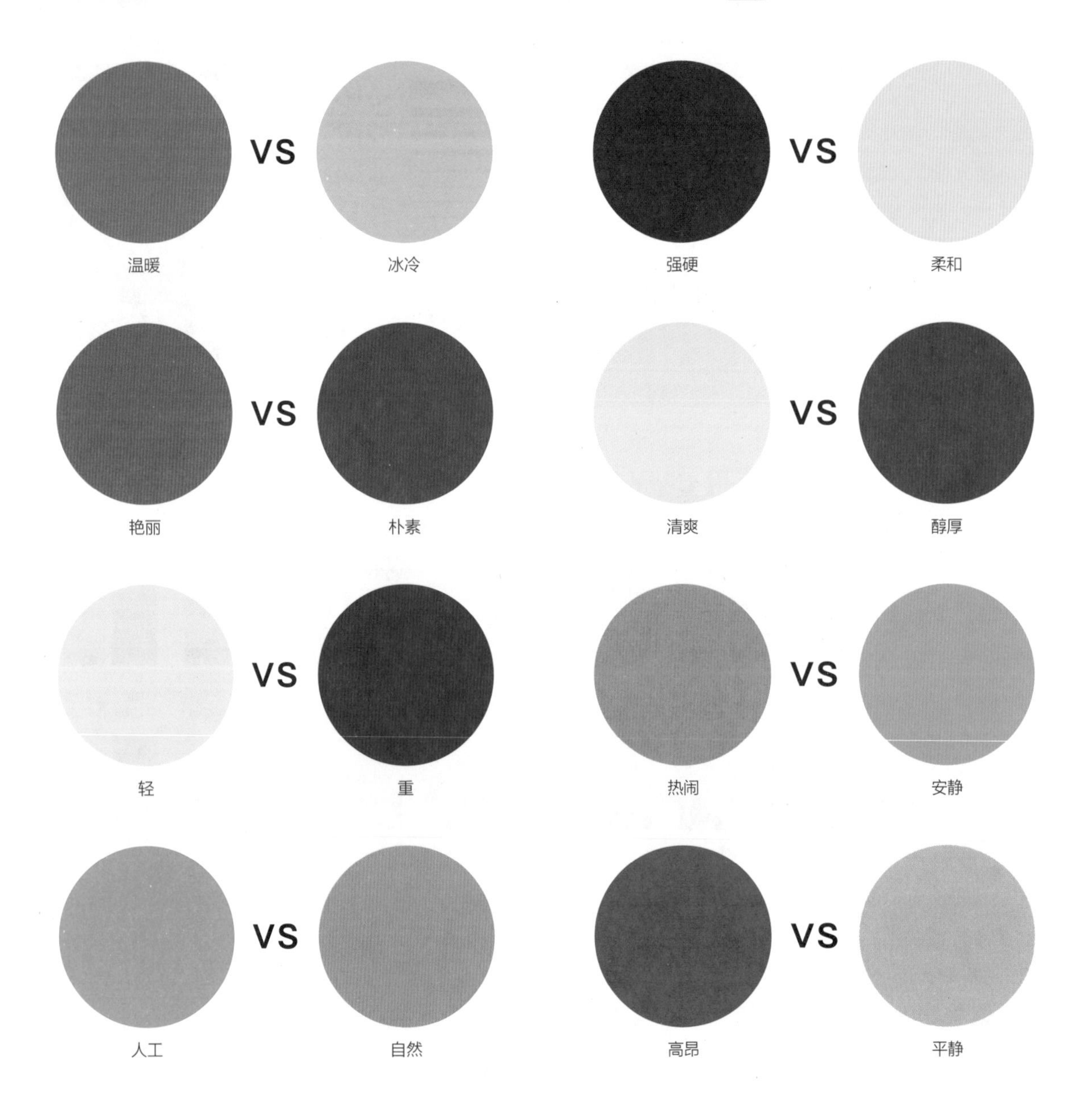

暖色与冷色

■不同的人、不同的国家对颜色的认知会存在一些差异，不过，对于“暖色”和“冷色”，人们基本达成了共识。

■暖色是指以红色为中心色相的颜色，而冷色则是以蓝色系为中心色相的颜色。如此分类是因为暖色系让人联想到太阳和火焰，而冷色系则给人水和冰的印象。

■从心理学角度来说，暖色能使人情绪高涨、增进食欲，而冷色则有镇静、抑制食欲的效果。

暖色

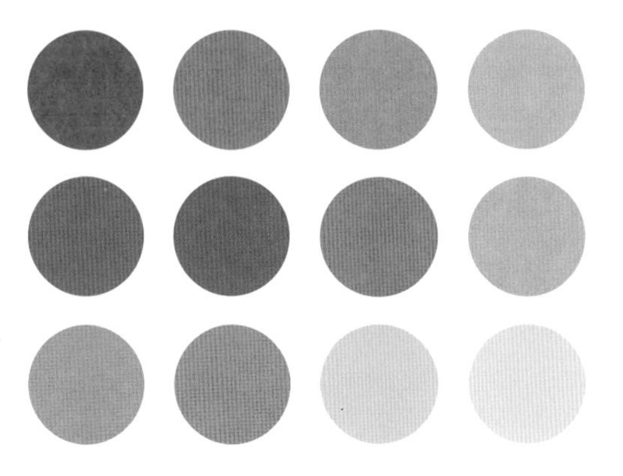

冷色

艳丽与朴素

■什么样的颜色能给人带来艳丽或朴素的印象呢？一般来说，艳丽的颜色饱和度和明度较高并接近原色，而朴素的颜色饱和度和明度较低。

■通过比较艳丽和朴素的颜色色相可以发现，暖色系看起来艳丽，而冷色系看起来朴素。

艳丽

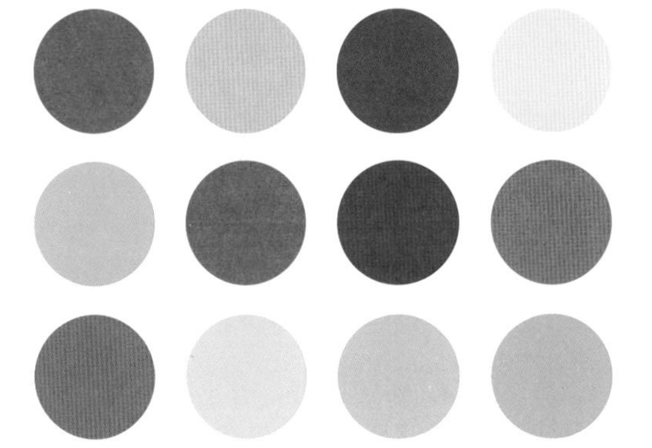

朴素

总　结

■ 留意颜色的印象并灵活运用。

4 单色的选用

我们在使用颜色时，一开始就掌握多种颜色的使用方法并非易事。首先，让我们从一种颜色开始练习，观察它们有什么差异，从而加深对颜色的认识。使用单色时，可以更强烈地表现颜色的印象。

红色

■首先，我们来看一下红色。怎么样？红色给你的第一感觉如何？虽然也要看文章的内容和使用目的，但整体是不是给人对比强烈、热情洋溢、心潮澎湃的感觉？在力求醒目、想给人深刻印象的时候，我们可以使用红色。实际上，它是一种让人联想到鲜血的颜色，所以也被称为令人兴奋的颜色。

白底红字

グラフィック社

红底白字

グラフィック社

M100+Y100

蓝色

■下面来看一下蓝色。它看上去像是夜空和深海的颜色。我认为蓝色能让人联想到水和雨，并给人一丝略带凉意的静谧之感。此外，蓝色还具有洁净、沉稳的一面，也是表达悲伤和寂寞的颜色。

白底蓝字

グラフィック社

蓝底白字

グラフィック社

C100+M75

黄色

■由于黄色的明度较高，它给人的印象是明亮、活泼开朗。众所周知，黄色还常常用于警示危险、提示小心等，比如信号灯。大家可以将其视为一种引人注目的颜色。

白底黄字

グラフィック社

黄底白字

グラフィック社

Y100

绿色

■正如绿色象征树木的颜色一般，它往往带有环保的意思，新绿还能让人联想到成长和活力。此外，绿色还有使人放松、平复心情、稳定情绪等治愈的效果。

黑色

■请注意有“无彩色”，比如“白色”和“黑色”。右图中的文字颜色是相反的关系，而且上下两部分的印象截然不同。二者都能在页面中给人留下深刻的印象。黑色原本是中立的，一般在不带任何感情地向对方传递信息时使用。此外，黑色还给人高级、威严的感觉，也会用于丧葬祭祀等仪式中。

紫色

■紫色是红色与蓝色混合而成的颜色，与其说它只是中间色，不如说它是一种给人特殊印象的颜色。紫色除了具有高贵的气质外，还具有艳丽的印象，并常用于娇艳的场景，可以说它是具有两面性的颜色。紫色也是一种难以把握使用分寸的颜色。

总 结

■ 选用颜色时，先从使用单色开始吧。

5 拓展单色的印象——红色

红色因似鲜血的颜色而象征着朝气、精力和能量等，不过当混入黄色或蓝色，它的印象就会发生变化。

❶ 大红

M 100 + Y 100

这种颜色被称为“大红色”，它是印刷行业中非常有名的颜色。与②相比，大红色看起来更亮一些，或许可以称它为单纯明快的红。

❷ 深红色

C 20 + M 100 + Y 100

深红色比①略浓一点儿，是沉重的红。

❸ 朱红色

M 80 + Y 100

与①的大红色相比，朱红更接近橙色。

❹ 橙色

M 50 + Y 100

与③相比，橙色更接近黄色，是一种充满朝气的颜色。

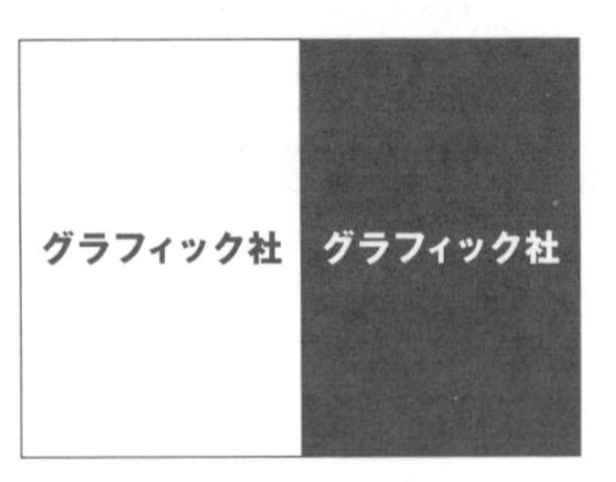

❺ 红色

M 100 + Y 40

与③、④的橙色印象不同，虽然这种颜色同为红色，但略带粉红色的感觉。

❻ 粉红色

M 80

剔除黄色的元素后，可以得到粉红色这一独特的颜色。这种颜色既有艳丽的一面，又有点儿花里胡哨。

❼ 鲑肉色（橙红色）

M 70 + Y 55

顾名思义，鲑肉色是鲑鱼肉的颜色，给人沉稳、优雅、富有朝气的印象。

❽ 红褐色

C 50 + M 100 + Y 100

这种颜色让人想到砖头，常用于具有温暖、沉稳、怀旧、稳定之感的场景。

总 结

- 红色给人的印象包括温暖、亲切、富有朝气和生命力、艳丽等。
- 红色加上黄色的元素后，变得活泼明快，而剔除黄色的元素后则给人艳丽的感觉。

6 拓展单色的印象——蓝色

蓝色是象征天空和大海等清爽印象的典型颜色。蓝色对其他颜色的包容度较高，它也被称为没有负面印象的颜色。

❶ 蓝色

C 90 + M 50

该颜色是较深的蓝天的颜色。所谓的蓝色就是这种颜色。该颜色象征聪慧、清爽、活泼开朗。

❷ 蔚蓝色

C 100 + M 65

与①相比，蔚蓝色是更加浓郁鲜艳的蓝色，具有深海的印象。

❸ 天蓝色

C 80 + M 25

与①相比，该颜色较浅，但更具清爽的印象，能让人联想到朝气蓬勃、高尚纯洁。

❹ 淡蓝色

C 70

增加蓝色的明度后，得到了更具轻快印象的淡蓝色。

❺ 翠蓝色

C 100 + M 5 + Y 30

在蓝色中混入黄色的元素后，翠蓝色展现出独具特色的存在感而又给人不显艳丽的朴素印象。

❻ 群青色

C 85 + M 70 + Y 35

在众多蓝色中，群青色的颜色更深，更具沉稳的印象。

❼ 海军蓝

C 95 + M 100 + Y 30

海军蓝中增加红色的元素，给人独特的艳丽之感。

❽ 深藏青色

C 100 + M 100 + K 70

夜空的颜色，深藏青色是蓝色中最深的，给人沉着、稳重之感，具有传统和庄重的印象。

总 结

- 蓝色具有沉着、清爽、静寂等印象。
- 蓝色提高明度后更具清爽的印象，而降低明度后给人沉着、庄重之感。

7 拓展单色的印象——黄色

黄色是一种明亮、引人注目的颜色。加入红色或蓝色的元素后，其给人的印象会发生变化，提高纯度后更具沉稳的感觉。

❶ 黄色

Y 100

黄色是引起人们注意的颜色，给人醒目、明亮的印象。之所以用于“危险”等警示标志，就是因为黄色非常显眼。

❷ 葵花黄

M 20 + Y 100

该颜色让人想到了植物盛开的明亮的花，它在①的基础上添加了红色元素，更具柔和、温暖的感觉。

❸ 金黄色

M 35 + Y 100

与②相比，该颜色增加更多的红色元素，接近柑橘的印象。金黄色更接近红色系的颜色，只能让人感到微乎其微的黄色。

❹ 柠檬黄

C 5 + Y 80

该颜色与①相比黄的强度略低，具有温和、柔软的感觉，人眼更容易适应。

❺ 淡黄色

Y 40

该颜色接近白色，具有柔和优雅的印象。加入红色的元素后，该颜色接近中间色，会更具柔和的感觉。

❻ 芥末黄

C 10 + M 20 + Y 100

该颜色在③的基础上加入蓝色元素，浑浊感增强，更具素雅、沉稳的感觉。

❼ 土黄色

C 20 + M 35 + Y 100

该颜色具有沉稳的感觉，让人联想到土壤和自然。就季节来说，该颜色具有秋意，并通过CMY的混合，增加了沉稳的印象。

❽ 米色

M 5 + Y 20

米色是最接近白色的比较自然的颜色。在书籍的正文用纸颜色中，米色常被视为白色。

总 结

■ 黄色是浓艳、明亮、醒目的颜色。

■ 通过增加浑浊元素，黄色会变成具有沉稳印象的颜色，变淡后会接近自然的白色。

8 拓展单色的印象——绿色

绿色能让人想到自然和环境，给人沉着、安静的感觉。它的特点是加入其他颜色后会给人很不一样的印象。

グラフィック社 グラフィック社

❶ 绿色

C 100 + Y 100

这就是所谓的绿色。不过，与植物的绿色相比，可以说它是带有人工合成痕迹的，更接近矿物质的绿色。这种颜色可以让人想到大自然，但还是带有较强的人造色彩。

❷ 黄绿色

C 50 + Y 100

黄绿色给人的印象是自然界中植物的颜色，给人朝气蓬勃、富有生命力的感觉。

❸ 翠绿色

C 70 + Y 45

该颜色剔除了红色元素，接近矿物质那种凉爽雅致的颜色。

❹ 草绿色

C 25 + Y 90

黄色色彩较强，给人新芽的印象。草绿色是朝气蓬勃、鲜艳漂亮的颜色，并略带闪闪发光的感觉。

❺ 苔绿色

C 55 + M 20 + Y 100

该颜色是加入红色元素的混合颜色，更具沉稳的感觉，给人的印象是自然界中历经岁月洗礼的植物。

❻ 薄荷绿

C 40 + Y 55

该颜色具有柔和、轻快、凉爽的色调。

❼ 橄榄绿

C 75 + M 60 + Y 100

该颜色能表达素雅、沉稳、镇静。

❽ 深绿色

C 90 + M 70 + Y 100

该颜色常用于表现茂密的树林、常绿树，是具有厚重感的绿色。

总　结

- 绿色是近似自然界中植物的颜色，给人安定感，是一种具有镇静作用的颜色。
- 绿色加入黄色元素后显得朝气蓬勃，随着混色程度的不断加深，逐渐变成具有沉稳感觉的颜色。

9 拓展单色的印象——紫色

紫色是红色与蓝色混合而成的颜色。紫色给人的印象具有截然相反的两面——高级感与艳丽感。要注意，混合的颜色不同，紫色给人的印象也会不同。

❶ 紫色

C 75 + M 100

该颜色给人艳丽、高级的印象。

❷ 紫罗兰色

C 60 + M 60

该颜色是蓝色较浓的紫色。在紫色独特的印象中，具有优雅、可爱的感觉。

❸ 紫红色

C 55 + M 100

该颜色是艳丽、花里胡哨、娇艳的颜色，有点儿妖艳的感觉。

❹ 蓝紫色

C 85 + M 80

该颜色给人的感觉是稳重、可靠、正直。

❺ 酒红色

C 55 + M 100 + Y 70

该颜色是非常沉着冷静的紫红色。酒红色既有娇艳的一面又不失沉稳感，给人的印象是高贵、豪华。

❻ 紫藤色

C 40 + M 50

该颜色给人的印象是优雅、温和。

❼ 浅紫色

C 25 + M 40

该颜色是一种具有品味的柔和色彩。

❽ 豆沙色

C 75 + M 100 + Y 70

该颜色给人的印象是沉稳、素雅、传统。

总 结

■ 紫色是一种兼具艳丽与高级这种两面性的特殊颜色。

■ 紫色加入红色元素后增加了艳丽程度，而接近蓝色时则给人一种“诚实”的印象。

10 拓展单色的印象——黑色

黑色给人的印象因人而异。改变黑色的浓度，抑或稍微加入其他色彩元素，它给人的印象会发生怎样的变化呢？下面就让我们一起来看一下。

黑色

■我们来思考一下黑色的变化。首先是浓度的变化，下面是略微改变浓淡的黑色。我在前面提到过，黑色是中立的，不带任何感情色彩（第135页），但浓度越低给人的印象越柔和。虽然这时大多被称为灰色，但也可以说是黑色的一种。

グラフィック社	グラフィック社	グラフィック社	グラフィック社
グラフィック社	グラフィック社	グラフィック社	グラフィック社
K100 R0+G0+B0	K75 R102+G100+B100	K50 R159+G160+B160	K25 R211+G211+B212

带有红色的黑色

グラフィック社	グラフィック社	グラフィック社	グラフィック社
グラフィック社	グラフィック社	グラフィック社	グラフィック社
M100+Y100+K100 R0+G0+B0	M100+Y100+K75 R94	M100+Y100+K50 R145	M100+Y100+K25 R191+B8

带有绿色的黑色

グラフィック社	グラフィック社	グラフィック社	グラフィック社
グラフィック社	グラフィック社	グラフィック社	グラフィック社
C100+Y100+K100 G5	C100+Y100+K75 G63+B14	C100+Y100+K50 G100+B40	C100+Y100+K25 G130+B57

带有蓝色的黑色

グラフィック社	グラフィック社	グラフィック社	グラフィック社
グラフィック社	グラフィック社	グラフィック社	グラフィック社
C100+M55+K100 B18	C100+M55+K75 G29+B47	C100+M55+K50 G59+B115	C100+M55+K25 G81+B149

总　结

■ 降低黑色的浓度后，颜色变得柔和了。

■ 带有红色、黄色的黑色给人带来温暖的感觉，带有绿色、紫色的黑色给人的印象是沉稳和高贵，而带有蓝色的黑色则变成了一种凉爽的酷黑。

11 颜色的搭配

在实际设计中，比起单一颜色，运用多种颜色进行搭配的情况会更多一些。我们要了解颜色的特征，并对它们进行合理的搭配。

各种对立的印象

■右图是一组饱和度不同的色相环，看起来颜色很多，但通常情况下我们要在无数种颜色中挑选几种来搭配。首先，我们来看看两种颜色的搭配。

■在搭配颜色时，要根据页面的主题内容和受众需求有目的地选择颜色。此外，我们还要参考颜色的印象（第132页）。

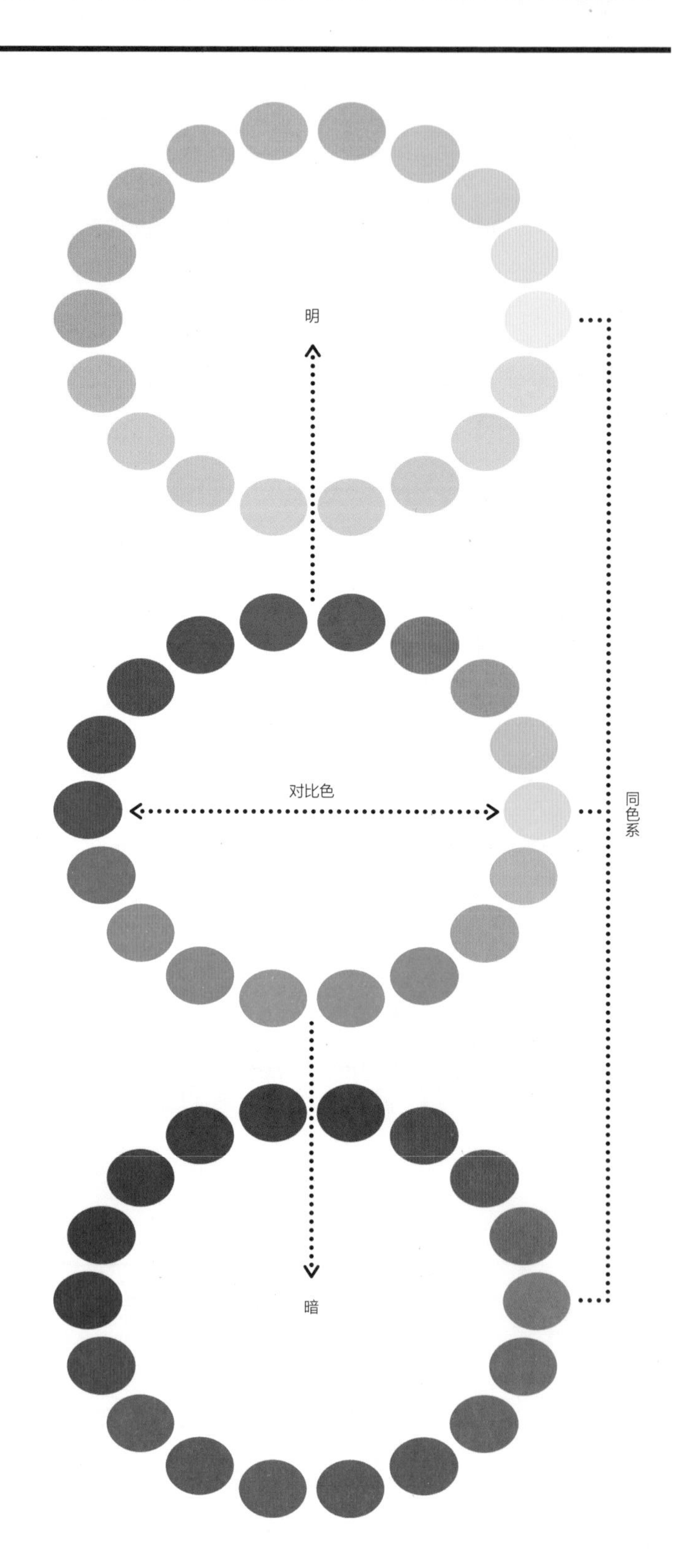

同色系的搭配

■“同色系”的搭配可以为页面带来一致感和稳定感。在同一色系中，即便使用几组饱和度、明度和K不同的颜色，也能给人稳定感。但是，这种统一、稳定的颜色搭配有时也会显得平淡无奇，所以要注意这一点，灵活地对颜色进行合理搭配。

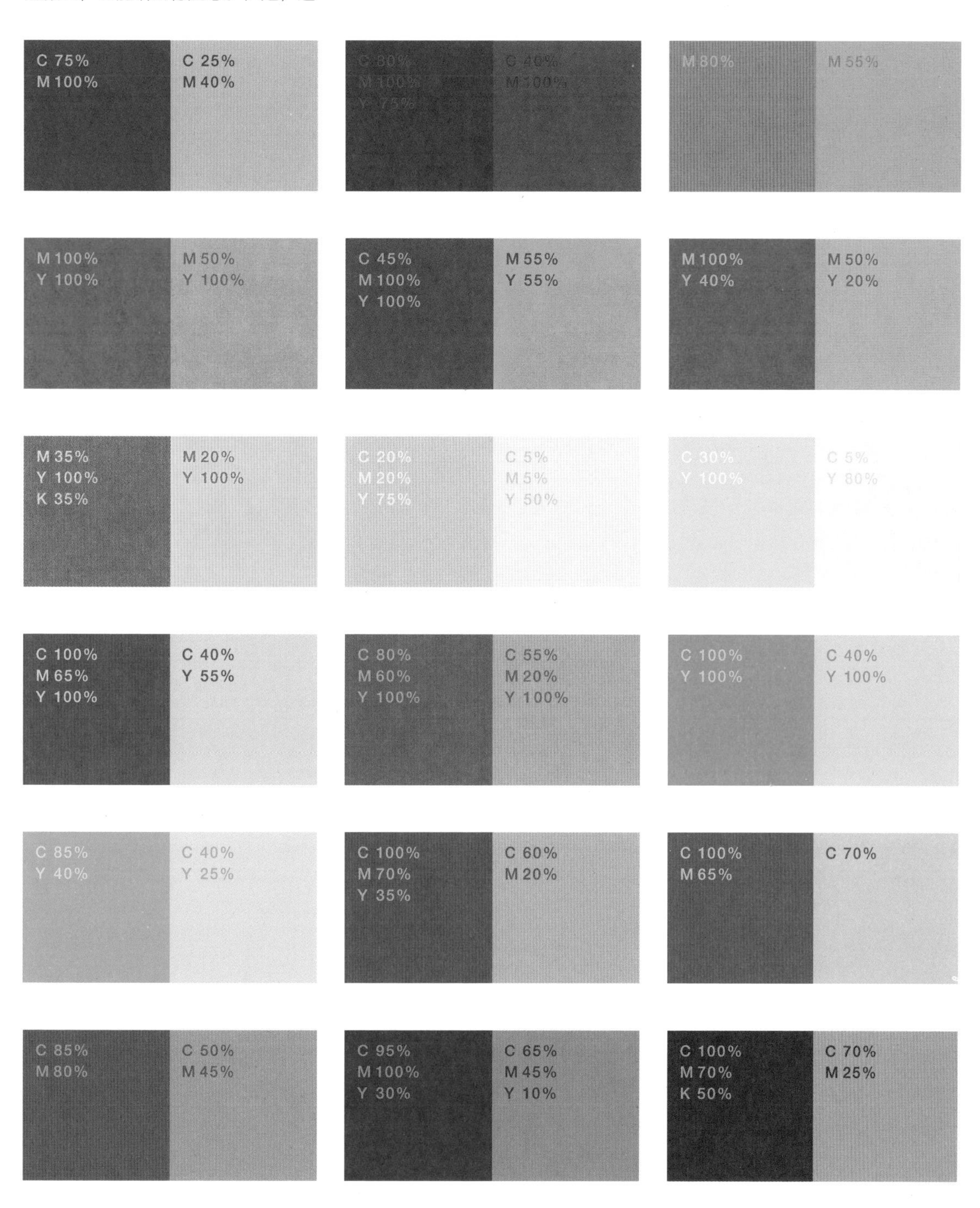

对比色的搭配

■对比色的搭配是指将位于色相环两极的颜色进行组合。对比色的搭配比同色系的搭配更加引人注目，视觉效果更强。

■如果调整基本色相环的明暗程度后再从中选取对比色，那它们的对比不会很强烈。

左色	右色	左色	右色	左色	右色
C 50% M 75%	C 60% Y 85%	C 10% M 75%	C 90% Y 80%	M 80% Y 50%	C 65% Y 40%
M 25% Y 100%	C 80% M 45%	M 60% Y 100%	C 100% M 10%	M 75% Y 90%	C 70% Y 5%
C 85% M 95% Y 40%	C 30% Y 60%	C 65% M 100% Y 40%	C 35% Y 40%	M 95% Y 50% K 60%	C 45% Y 20%
M 10% Y 65%	C 90% M 80% K 30%	M 40% Y 65%	C 100% M 80% Y 45%	M 40% Y 35%	C 90% M 70% Y 75%
C 60% M 40% Y 10%	C 60% M 50% Y 100%	[illegible]	[illegible]	C 10% M 65% Y 50%	C 90% M 10% Y 40%
C 40% M 35% Y 100%	C 70% M 55%	C 25% M 45% Y 100%	C 70% M 40% K 5%	C 5% M 65% Y 80%	C 100% M 20% Y 10%

微调后的颜色搭配

■有一种颜色搭配方式既不是同色系的，也不是对比色的，而是我经常使用的微调后的同色系搭配和对比色搭配。由于同色系和对比色的搭配方式比较常见，所以会有似曾相识感，但若稍加调整则会让人眼前一亮。

微调后的同色系的搭配

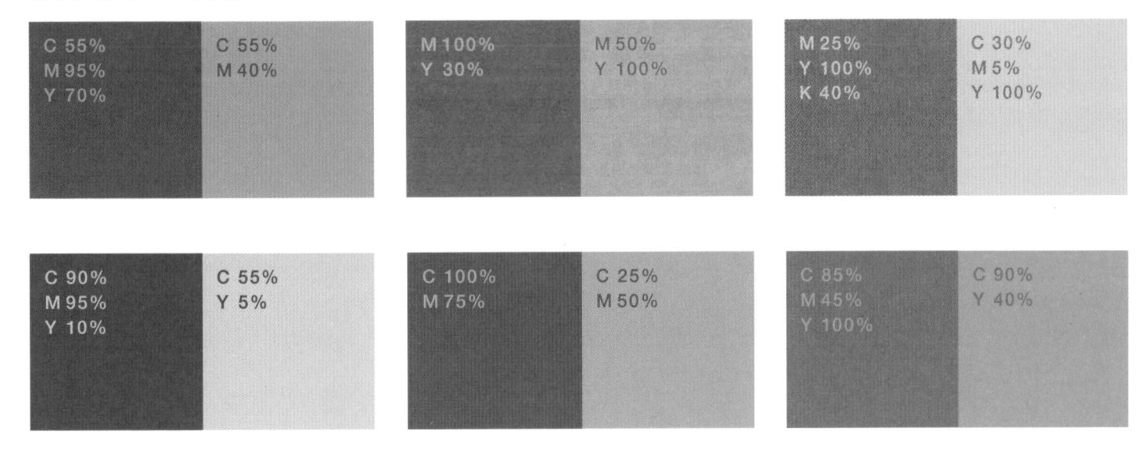

微调后的对比色的搭配

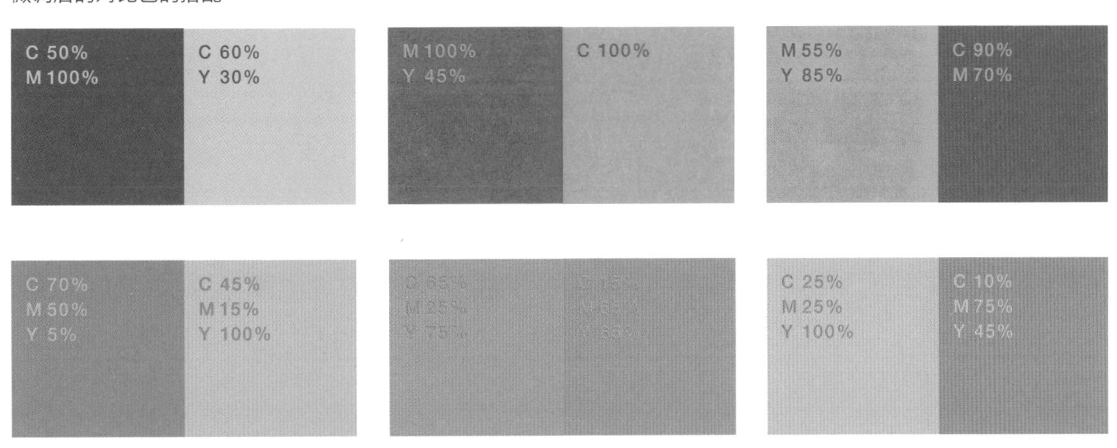

总 结

■ 颜色搭配包括同色系、对比色以及对它们进行微调后的配色法。

12 底色与文字颜色

有时也要为正文设计颜色。此时该如何选择底色和文字颜色才能使版面既便于阅读又给人留下深刻的印象呢？

浅底深字

■正文中使用的文字的必要条件是要易于阅读。那么，易于阅读的颜色搭配又指哪些颜色呢？白底黑字是最便于阅读的颜色组合。之所以这么说，是因为黑白两色之间存在明度的差异。对于右图那种底色和文字颜色没有明度差异的版式而言，读者读起来会非常吃力。

■下面我来介绍几种具有明度差异的彩色版式设计。背景颜色浅、文字颜色深的版式设计更易阅读且能准确传达颜色的印象。所以，在为正文设计颜色时，基本上要选择浅色底和深色字的搭配，请大家记住这一点。

カムパネルラが手を

あげました。それから四五
人手をあげました。ジョ

して、急いでそのままやめました。たし
かにあれがみんな星だと、いつか雑誌

底色 C 10 / 文字颜色 C 10 + M 10 + Y 100

カムパネルラが手をあげました。

それから四五人手をあげました。ジョバンニも
手をあげようとして、急いでそのままやめまし
た。たしかにあれがみんな星だと、いつか雑誌

まるで毎日教室でもねむく、本を読むひまも読む本もないので、
なんだかどんなこともよくわからないという気持ちがするので

底色 C 2 + M 2 + Y 3 / 文字颜色 K100

カムパネルラが手をあげました。

それから四五人手をあげました。ジョバンニも
手をあげようとして、急いでそのままやめまし
た。たしかにあれがみんな星だと、いつか雑誌

まるで毎日教室でもねむく、本を読むひまも読む本もないので、
なんだかどんなこともよくわからないという気持ちがするので

底色 C 2 + M 2 + Y 10 / 文字颜色 C 60 + M 60 + Y 80

カムパネルラが手をあげました。

それから四五人手をあげました。ジョバンニも
手をあげようとして、急いでそのままやめまし
た。たしかにあれがみんな星だと、いつか雑誌

まるで毎日教室でもねむく、本を読むひまも読む本もないので、
なんだかどんなこともよくわからないという気持ちがするので

底色 Y 60 / 文字颜色 K 100

カムパネルラが手をあげました。

それから四五人手をあげました。ジョバンニも
手をあげようとして、急いでそのままやめまし
た。たしかにあれがみんな星だと、いつか雑誌

まるで毎日教室でもねむく、本を読むひまも読む本もないので、
なんだかどんなこともよくわからないという気持ちがするので

底色 M 30 + Y 30 / 文字颜色 K 100

カムパネルラが手をあげました。

それから四五人手をあげました。ジョバンニも
手をあげようとして、急いでそのままやめまし
た。たしかにあれがみんな星だと、いつか雑誌

まるで毎日教室でもねむく、本を読むひまも読む本もないので、
なんだかどんなこともよくわからないという気持ちがするので

底色 C 10 / 文字颜色 C 90 + M 40 + Y 40

カムパネルラが手をあげました。

それから四五人手をあげました。ジョバンニも
手をあげようとして、急いでそのままやめまし
た。たしかにあれがみんな星だと、いつか雑誌

まるで毎日教室でもねむく、本を読むひまも読む本もないので、
なんだかどんなこともよくわからないという気持ちがするので

底色 C 10 + Y 25 / 文字颜色 M 80 + Y 80

深底浅字

■如果与第 146 页相反，使用深的底色会有什么效果呢？下面的例子便是在深的底色上使用了有明度差异的文字颜色。

■深的底色能为页面带来强烈的视觉效果。一般情况下，这种配色不会用在篇幅较长的正文中，而是多用于需要靠颜色来突出和强调的标题或商品包装上。

■在选择深的底色时需要注意的是，如果像右图那样选择浓度相近的颜色，文字就很难阅读。因此，在选择颜色时要留意底色和文字颜色的对比。

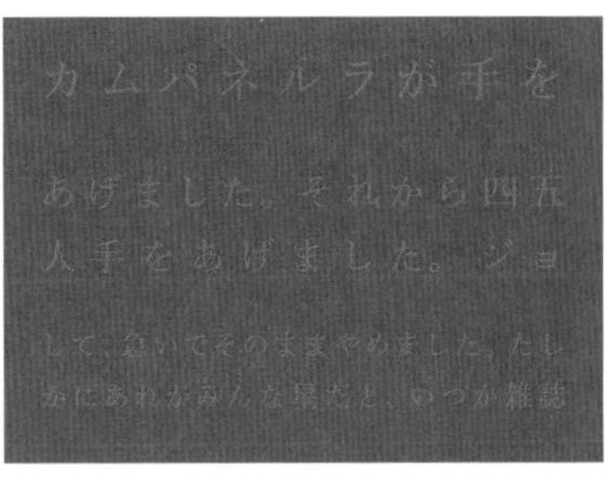

底色 C 100 + M 70 / 文字颜色 C 60 + M 60 + Y 80

カムパネルラが手をあげました。
それから四五人手をあげました。ジョバンニも
手をあげようとして、急いでそのままやめまし
た。たしかにあれがみんな星だと、いつか雑誌
まるで毎日教室でもねむく、本を読むひまも読む本もないので、
なんだかどんなこともよくわからないという気持ちがするので

底色 C 80 + M 80 + Y 80 + K 80 / 文字颜色 K 30

カムパネルラが手をあげました。
それから四五人手をあげました。ジョバンニも
手をあげようとして、急いでそのままやめまし
た。たしかにあれがみんな星だと、いつか雑誌
まるで毎日教室でもねむく、本を読むひまも読む本もないので、
なんだかどんなこともよくわからないという気持ちがするので

底色 C 60 + M 60 + Y 60 + K 60 / 文字颜色 K 30

カムパネルラが手をあげました。
それから四五人手をあげました。ジョバンニも
手をあげようとして、急いでそのままやめまし
た。たしかにあれがみんな星だと、いつか雑誌
まるで毎日教室でもねむく、本を読むひまも読む本もないので、
なんだかどんなこともよくわからないという気持ちがするので

底色 M 70 + Y 100 / 文字颜色 CMYK 0（白色）

カムパネルラが手をあげました。
それから四五人手をあげました。ジョバンニも
手をあげようとして、急いでそのままやめまし
た。たしかにあれがみんな星だと、いつか雑誌
まるで毎日教室でもねむく、本を読むひまも読む本もないので、
なんだかどんなこともよくわからないという気持ちがするので

底色 C 90 + M 30 + Y 90 / 文字颜色 CMYK 0（白色）

カムパネルラが手をあげました。
それから四五人手をあげました。ジョバンニも
手をあげようとして、急いでそのままやめまし
た。たしかにあれがみんな星だと、いつか雑誌
まるで毎日教室でもねむく、本を読むひまも読む本もないので、
なんだかどんなこともよくわからないという気持ちがするので

底色 C 100 + M 70 / 文字颜色 C 30 + M 10

カムパネルラが手をあげました。
それから四五人手をあげました。ジョバンニも
手をあげようとして、急いでそのままやめまし
た。たしかにあれがみんな星だと、いつか雑誌
まるで毎日教室でもねむく、本を読むひまも読む本もないので、
なんだかどんなこともよくわからないという気持ちがするので

底色 C 70 + M 60 / 文字颜色 Y 90

总　结

■ 底色和文字颜色要形成对比。

13 照片、插图与文字颜色的关系

当我们为页面中的文字选择颜色时，必须考虑文字颜色与照片、插图等其他图片元素的关系。

黑白

■我曾在“照片与文字”（参照第102页）和“底色与文字颜色”（参照第146页）中说过，背景和文字需要形成对比。那么，我们应该为文字选择什么颜色才合适呢?

■为了强调照片或插图，应选择无色彩的文字颜色。由于照片和插图中本来就包含很多色彩信息，所以在大多数情况下最好选择无色彩的文字颜色。

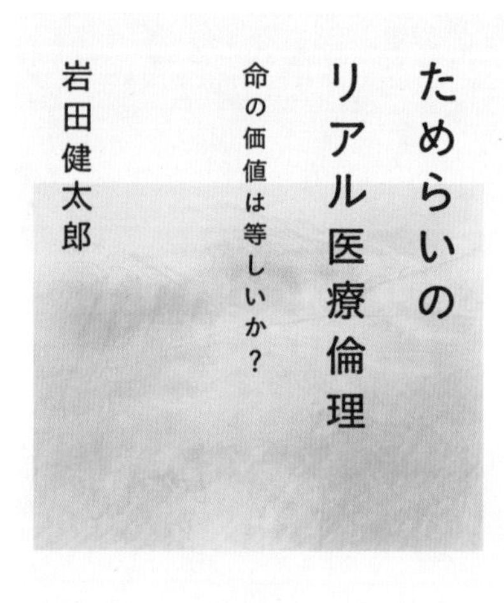

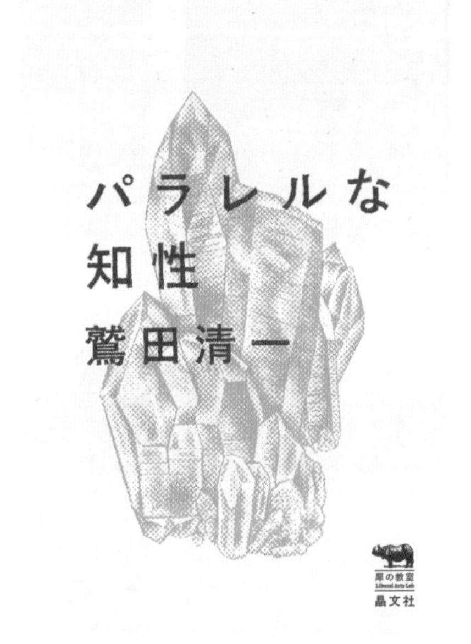

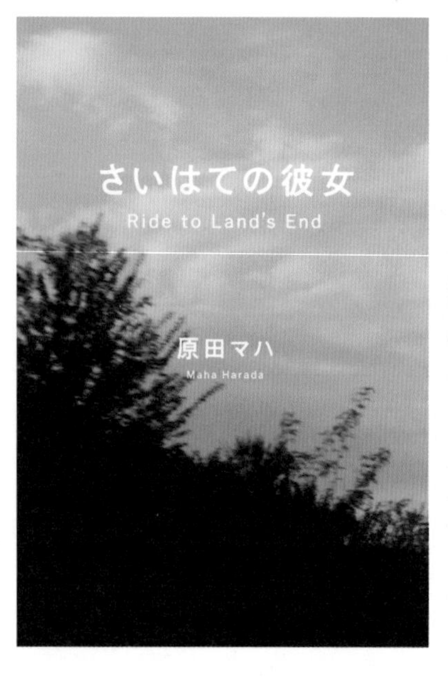

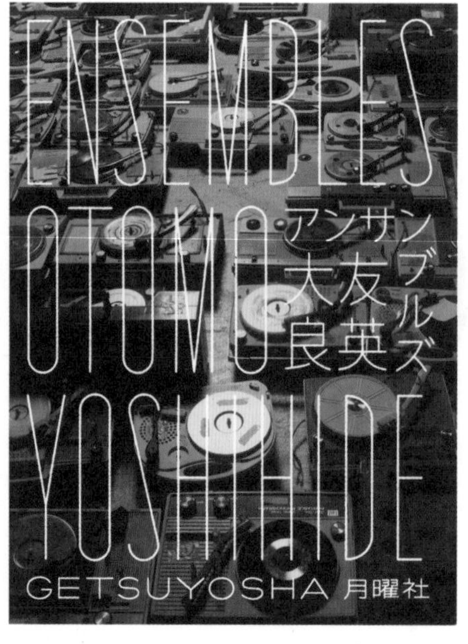

为了不破坏照片的美感，要选择无彩色的文字颜色，如上方图片中的黑色文字和下方图片中的白色文字。

使用照片或插图中既有的颜色

■这些是使用照片或插图中既有的色相作为文字颜色的例子。其中有的为了让文字颜色与照片或插图形成对比，调整了饱和度和明度，但由于这些颜色属于同色系，整体版面的印象依然保持统一。

这份海报中的背景是一张风景照，展现了从蓝天逐渐变化成晚霞这段微妙时间内的景色。从中提取出蓝色和橙色，用于底色和文字颜色。（Festival Tokyo 2011 海报）

左图的文字颜色使用了照片中的主色调——蓝色。（ART iT No.24 封面）
右图照片中的帽子很醒目，标题选用了它的颜色。
（DAZED & CONFUSED JAPAN #55 MARCH 2007 P030-031 出版 / CAELUM 发售 / TRANS MEDIA）

使用与照片或插图同色系的颜色

■下面这些例子看起来与上一页“使用照片或插图中既有的颜色”的例子十分接近，但并不是直接选用其中既有的色相，而是从其同色系中选择，这里包含了不是直接引用的意思。

上图：背景图中使用了较浅的淡蓝色，文字并没有直接取其颜色，而是使用了更深的蓝色。从所占面积和可读性的层面来说，文字也不能使用与插图一样的蓝色。（ART iT No.2 封面）

左下图：标题使用了与淡黄色背景属于同色系的绿色。〔摘自《蹚地雷的勇气》（地雷を踏む勇気）〕

右下图：照片里的黄色灯光中略带红色，为了区别于背景色，让文字更加醒目，文字使用的黄色中剔除了红色元素。〔摘自《开始对话》（はじまりの対話）〕

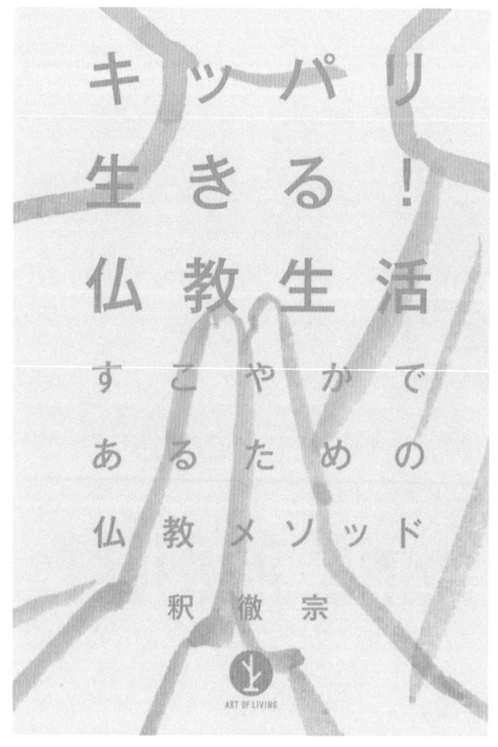

使用照片或插图的对比色

■可以用我们在“对比色的搭配”和“微调后的对比色的搭配”（参照第145页）中已经学过的颜色搭配方法，为文字选择与插图或照片中既有颜色形成对比的颜色，从而突出文字。使用对比色能让文字与插图都凸显出各自的特征。

左上图：这是一个插图为蓝色，标题为红色的例子。虽然不是完全的对比色，但是二者的颜色形成微妙的对比，具有各自的风格。色彩的明度也决定了它的印象。[摘自《再踩地雷的勇气》（もっと地雷を踏む勇気）]

右上图：该例的照片中包含绿色，文字颜色使用了接近其对比色的红色，给人略微稳重的印象。（RIKEN YAMAMOTO）

左下图：单色照片搭配黄色文字的例子。将文字的背景部分调为灰暗，令文字更引人注目。[《体育也是建筑！》（スポーツも建築だ！）]

右下图：拼贴画中包含各种颜色，但决定其印象的是红色，所以文字选用了蓝色。[《日本战胜美国的方法》（日本がアメリカに勝つ方法）]

总 结

- ■ 强调素材时文字颜色选用无色彩。
- ■ 选择文字颜色时要仔细考虑颜色与素材的关系。

14 灵活运用多种颜色

页面中使用两种以上颜色时，要合理搭配各种颜色。如何配色才能显得美观并给人留下深刻的印象呢？

单页中使用多种颜色的版式设计

■我们在前面的章节中通过很多实例比较了照片、插图的颜色与标题等文字的颜色。接下来，让我们看一下使用更多颜色的情况。颜色的种类增加后，必须协调的元素也会增加，所以设计出具有统一风格的作品就变得更难了。使用多种颜色会让页面更加丰富多彩，但是颜色选用过多，页面要传达的信息就会分散，让读者难以抓住重点，所以我们要制定一定的规则。

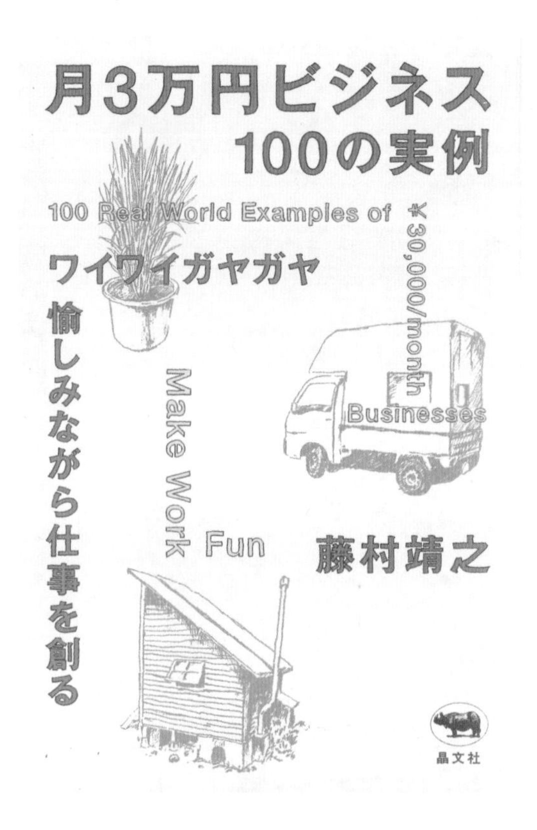

上图：这个例子大概使用了 3 种基本的颜色，其中标题和作者名是红色的，副标题是蓝色的，英文是黄色的。〔摘自《月入 3 万日元的工作实例 100 则》（月 3 万円ビジネス 100 の実例）〕

左下图：这里使用了歌舞伎舞台幕布中的颜色。比较显眼的是橙和绿这 2 种颜色，另外还有白色、黑色及文字所使用的灰色，总共由 5 种颜色元素构成。〔摘自《现在落语论》（現在落語論）〕

右下图：单色照片使用了 2 种协调的颜色，手绘图使用了醒目的橙色。文字的颜色不是纯白色，而是半透明的，让整体的颜色看起来更加丰富。〔摘自《RePUBLIC 公共空间的改造》（RePUBLIC 公共空間のリノベーション）〕

建立关联性

■在实际的版式设计中，仅有同色系、对比色等颜色原理的配色知识是不够的。我们往往还需要根据作品展示的场所、面向的对象等，从关联性方面来决定配色。因此，我建议大家不要盲目选择，首先要思考设计内容的关联性。此外，在必须选择多种颜色搭配时，各颜色之间的关系至关重要，可以说这也是关联性的一部分。

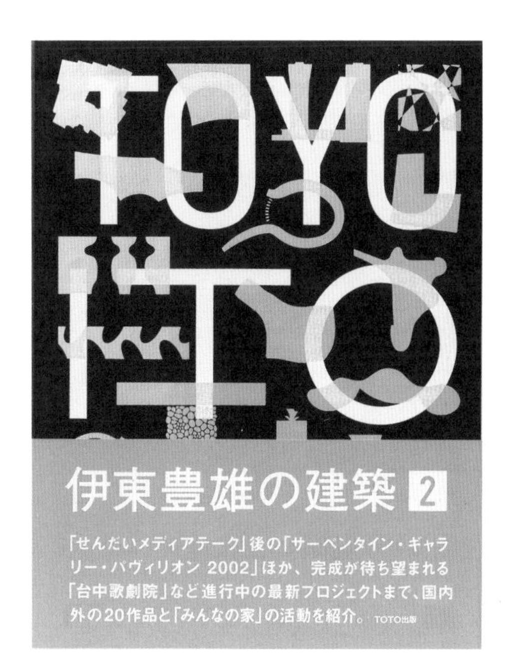

固定与变化的元素

■请看第 153 页下方的例子，这是一套 3 册的漫画书。在给系列作品设计颜色时，对于色相、饱和度和明度，哪个应该固定不变，哪个应该变动呢？本例中 3 本书都设置了较高的饱和度，通过改变色相来保持系列图书的平衡。

■《每日 RT》是每周变化 7 种颜色的日报。与第 153 页下方的 3 本漫画一样，本例也是靠不同的色相维持整体的协调，不同的是，色彩饱和度略低，明度略高，以传达一种沉稳、明亮的印象。

■杂志的连载专栏《实验不过如此》（実験だもの）以黄色作为关键色，强调连载性，同时又在每期中加入其他颜色，以寻求变化。由于黄色接近于白色，颜色较浅，为了形成对比，选择了深色进行搭配。此时，即使饱和度不同也并无大碍。

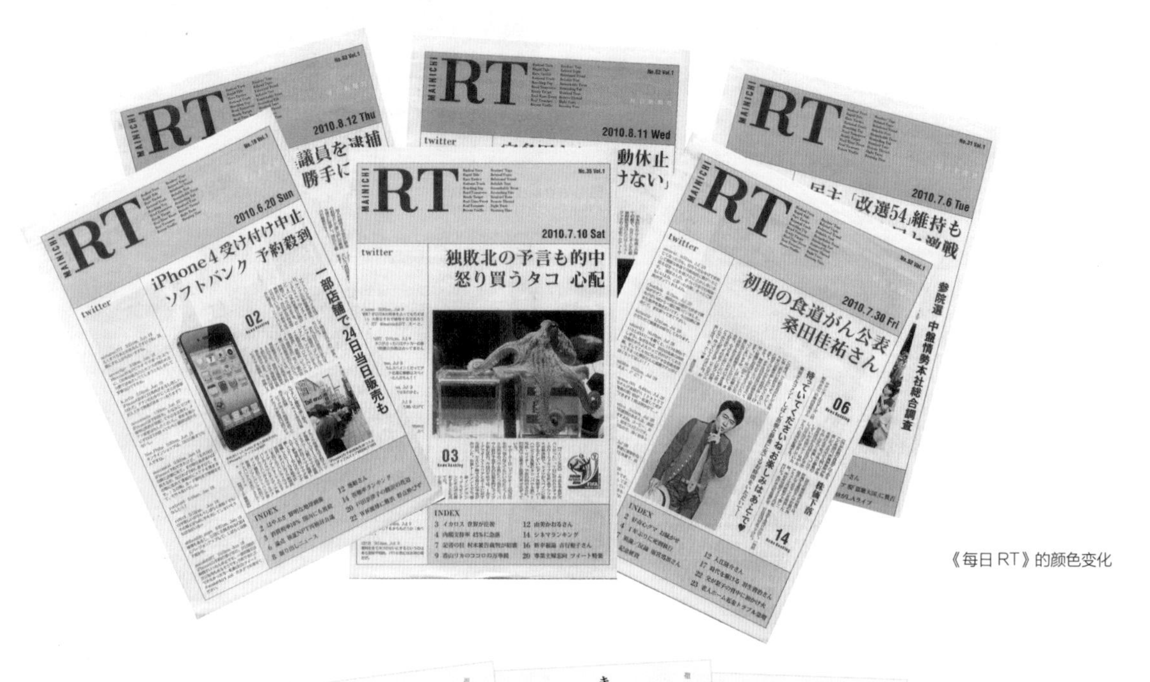

MAINICHI RT 2010.8.12 Thu 議員を逮捕 勝手に

MAINICHI RT 2010.8.11 Wed 動休止 ナない」

MAINICHI RT 2010.7.6 Tue 民主「改選54」維持も

MAINICHI RT 2010.6.20 Sun iPhone4受け付け中止 ソフトバンク 予約殺到 一部店舗で24日当日販売も

MAINICHI RT 2010.7.10 Sat 独敗北の予言も的中 怒り買うタコ 心配

MAINICHI RT 2010.7.30 Fri 初期の食道がん公表 桑田佳祐さん

参院選 中盤情勢本社総合調査

《每日 RT》的颜色变化

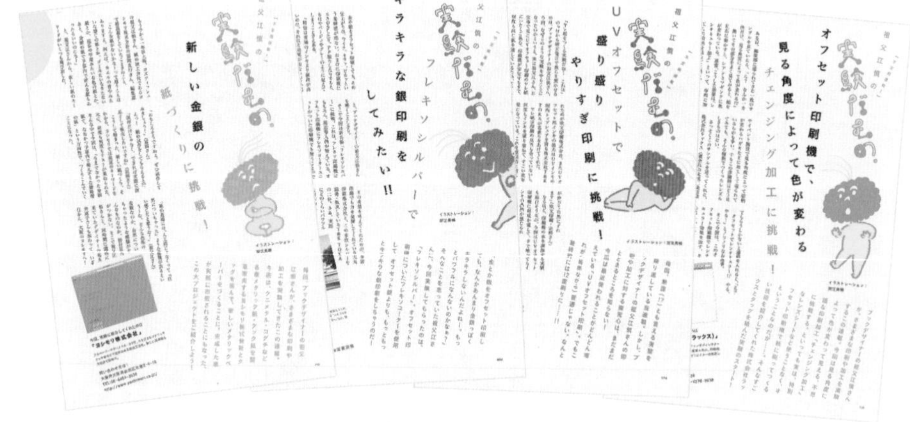

実験だもの 新しい金銀紙づくりに挑戦！

実験だもの キラキラな銀印刷をしてみたい!! フレキソシルバーで

実験だもの UVオフセットで盛り盛りやりすぎ印刷に挑戦！

実験だもの オフセット印刷機で、見る角度によって色が変わるチェンジング加工に挑戦！

以黄色作为固定的关键色来强调连载性，同时又在每期中加入其他颜色，以寻求变化的连载杂志《实验不过如此》（実験だもの）。

总　结

■ 确定主线后选择固定与变化的元素。

■ 在考虑颜色搭配时要明确规则。

后记

本书第一版的日文版于 2012 年出版发行，在此之前还没有“这么一本书”。所谓“这么一本书”，也就是从事设计工作的设计师把日常工作直接写成“版式设计入门”的一本书。设计师一般不会想到这一点，因为设计工作的内容大多是只可意会不可言传的。设计师一旦把设计工作的点点滴滴全部言语化，就会使其设计灵感尽失，止步不前。我想要挑战写这本书的强烈信念与津田淳子编辑的想法一拍即合，于是“这么一本书”便问世了。

自上一版本发行以来的 5 年间，很多人阅读了此书，我感到非常欣慰。我已经在“前言”中做了增补修订的说明，“版式设计的基础”可以说全在于“有意识地观察”。尽管没有必要让所有人都把行为言语化，但是是否有所“发现”至关重要。我们最好提前了解既有的设计规则，才能不受规则的束缚。此外，如果我们打算做出改变，最好弄明白“为什么以前是这样规定的”之后，再去尝试改变。

我在上一版本的“后记”中写过这样的话：“设计中有很多重要的知识，往往存在于那些太过于理所当然而又被人忽略的小事或是平常难以得到解答的问题里”“它们就栖息于我们设计时的一举一动之中”。今后，版式设计的工作环境可能还会不断变化，如果急于创新，设计出的作品只会大同小异。作为本书的作者，我也在重新调整心态，再次回到基础的原点，以设计出符合内容且独特的作品。

佐藤直树

2017 年 3 月

特别鸣谢

设计：中泽耕平、德永明子、冈部正裕、菊地昌隆、一尾成臣、菅涉宇、远藤幸

照片：池田晶纪、小林知典、TADA、川濑一绘（以上、YUKAI）、后藤武浩、弘田充

内文设计：Asyl

执笔、编辑协助：上條桂子

策划、编辑：津田淳子（Graphic-sha）

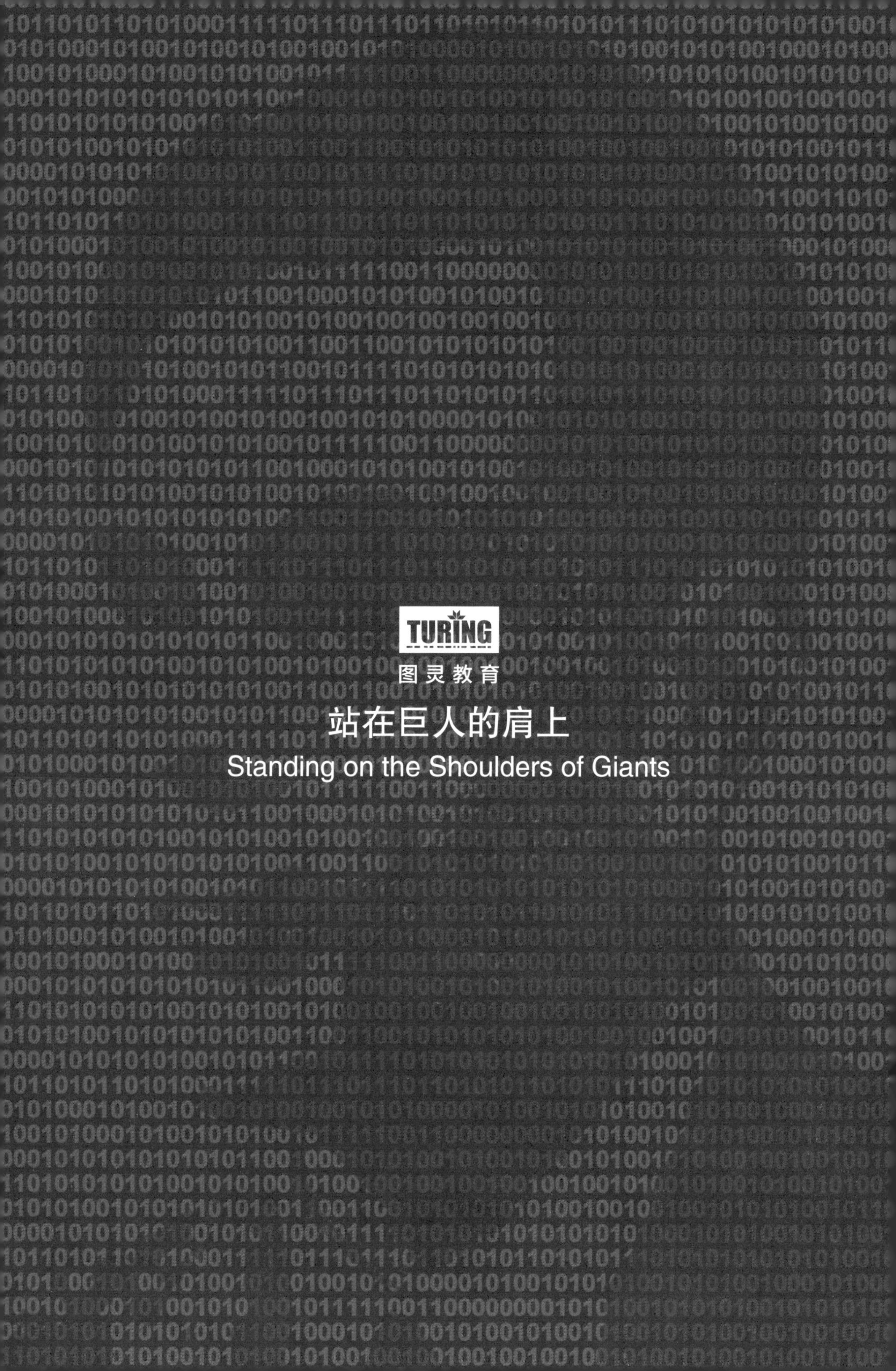
TURING
图灵教育
站在巨人的肩上
Standing on the Shoulders of Giants

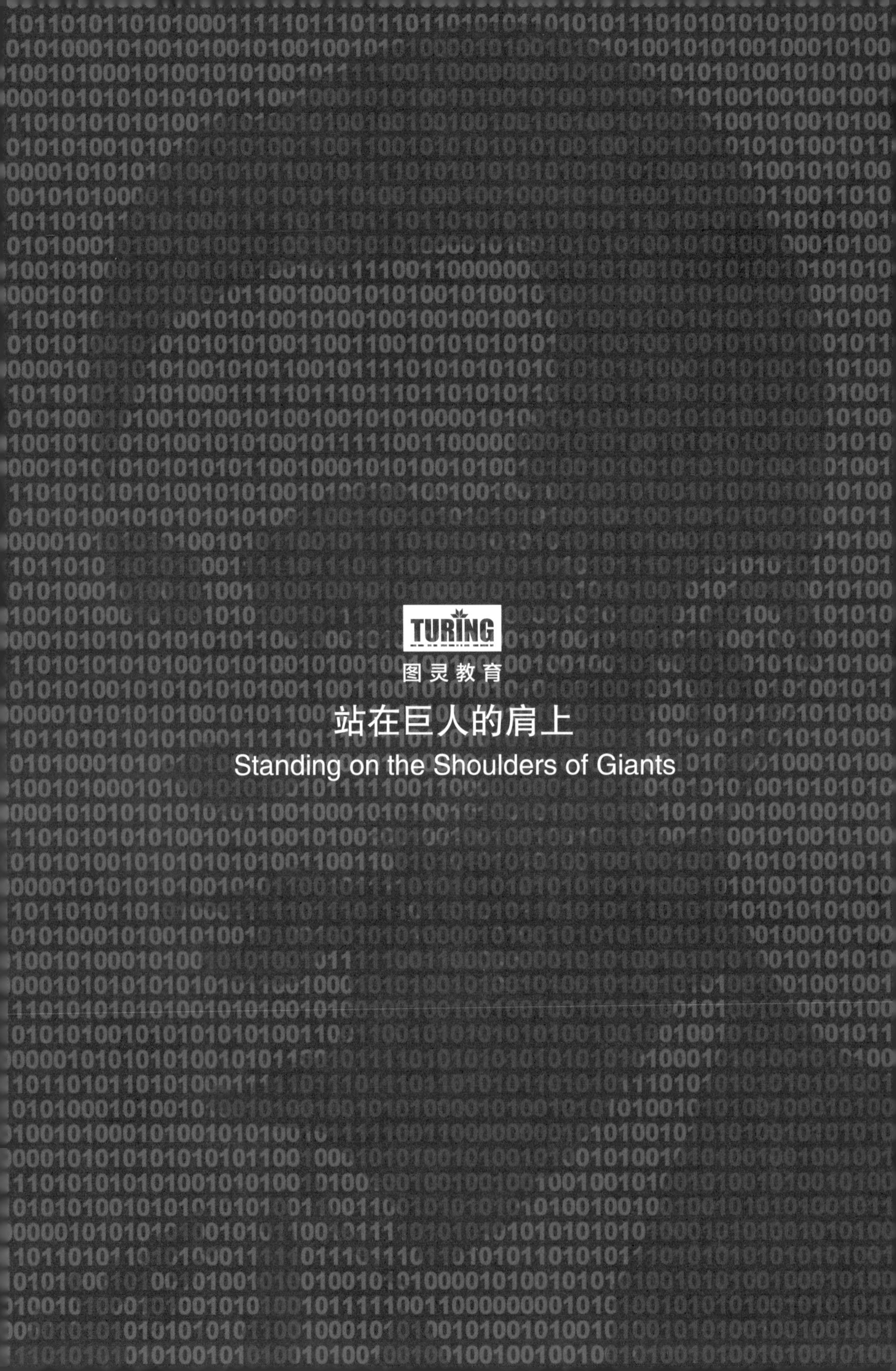
TURING
图灵教育
站在巨人的肩上
Standing on the Shoulders of Giants